乡村振兴 RURAL REVITALIZATION "三农"培训精品教材

农作物绿色高质高效生产技术

孙立新　刘成静　主编

中国农业科学技术出版社

图书在版编目（CIP）数据

农作物绿色高质高效生产技术／孙立新，刘成静主编 . ――北京：中国农业科学技术出版社，2023.7
（2025.2 重印）

ISBN 978-7-5116-6348-1

Ⅰ.①农… Ⅱ.①孙…②刘… Ⅲ.①作物-高产栽培-无污染技术 Ⅳ.①S318

中国国家版本馆 CIP 数据核字（2023）第 126099 号

责任编辑　姚　欢
责任校对　王　彦
责任印制　姜义伟　王思文

出 版 者　中国农业科学技术出版社
　　　　　北京市中关村南大街 12 号　　邮编：100081
电　　话　（010）82106631（编辑室）　　（010）82109702（发行部）
　　　　　（010）82109709（读者服务部）
网　　址　https://castp.caas.cn
经 销 者　各地新华书店
印 刷 者　北京中科印刷有限公司
开　　本　140 mm×203 mm　1/32
印　　张　5.625　　彩插 4 面
字　　数　140 千字
版　　次　2023 年 7 月第 1 版　2025 年 2 月第 3 次印刷
定　　价　38.00 元

《农作物绿色高质高效生产技术》
编 委 会

前　言

党的十八大鲜明提出，坚定不移贯彻创新、协调、绿色、开放、共享的新发展理念。党的十九大报告强调，我国经济已由高速增长阶段转向高质量发展阶段。党的二十大报告强调，贯彻新发展理念是新时代我国发展壮大的必由之路。推广绿色防控技术和健康生产模式，实现农业的可持续发展已成为农业科技推广应用的必然选择。

本书结合我国北方地区农业生产实践中积累的经验，依据我国最新制定的农作物绿色生产相关标准与规程，详细介绍了农作物绿色高质高效生产技术，具体包括粮油作物栽培、绿色蔬菜栽培、食用菌及中药材栽培、果树栽培、植保土肥、其他技术应用、法律法规等。本书内容上具备系统性，技术上具备实际操作性，突出创新性，精选了当前生产上的新技术及法律法规。

本书适合广大农作物种植企业、合作社、家庭农场参考使用，可供基层农技推广人员以及农林院校相关专业师生阅读。

由于时间紧，作者水平有限，书中难免存在不足之处，欢迎广大读者批评指正！

编　者
2023 年 5 月

目　　录

第一章　粮油作物栽培

第一节　黄河三角洲小麦主推技术

一、小麦宽幅精播技术

小麦宽幅精播技术是中国工程院院士、山东农业大学余松烈教授研究总结出的一项小麦高产综合栽培技术，在不增加任何成本的条件下，通过扩大行距、扩大播幅（行距 22～26cm，播幅 8cm）来提高小麦单产 5% 左右。技术要点如下。

（1）选用有高产潜力、分蘖成穗率高、中等穗型或多穗型品种，如鲁原 502、济麦 22、山农 28、山农 29 等。

（2）深耕深松、耕耙配套，提高整地质量。

（3）使用宽幅精播机播种。实行宽幅精量播种，改传统小行距（15～20cm）密集条播为等行距（22～26cm）宽幅播种，改传统密集条播籽粒拥挤一条线为宽播幅（8cm）种子分散式粒播，有利于种子分布均匀，无缺苗断垄、无疙瘩苗，克服了传统播种密集条播籽粒拥挤，争肥、争水、争营养，根少、苗弱的生长状况。

（4）适期适量足墒播种，播期 10 月 5—15 日，亩*播量 6～

---

* 1 亩 ≈ 667m²，全书同。

9kg。根据墒情，播后及时浇"蒙头水"。

二、小麦规范化播种技术

从耕地整地、肥料运筹、品种选用、种子处理、适期适量播种等方面对提高小麦播种质量进行规范。技术要点如下。

1. 耕地整地

深耕或深松，效果可持续2年，第一年深耕或深松，第二年只旋耕即可。

2. 肥料运筹

一是秸秆还田，秸秆长度最好在5cm以下。二是增施有机肥，测土配方施肥。

3. 品种选用

考虑品种的需肥需水特性与地力水平和灌溉条件相适应、品种的综合抗性等。水浇条件较好的地区，重点选择以下品种：鲁原502、济麦22、山农28、山农29等。

4. 种子处理

种子包衣或药剂拌种可防治苗期病虫害。

5. 适期适量播种

山东省高青县小麦适宜播种期为10月1—15日；最佳播期为10月5—10日。抢墒早播或者晚茬麦要做到播期播量相结合。

适播期内，分蘖成穗率低的大穗型品种，每亩适宜用种7.8~9.0kg；分蘖成穗率高的中穗型品种，每亩适宜用种6.0~7.5kg。适期播种的高产田宜少，中产田宜多。晚于适期播种的，每晚播1天，每亩增加用种0.25~0.50kg。

6. 机播及提高播种质量

一是提倡选用带镇压装置的小麦播种机，水浇田宜采用宽幅精量播种机播种，如选用不带镇压装置的播种机，播后可用专用镇压器或人工踩踏的方式镇压。二是播种深浅一致，播种深度3~5cm。

7. 浇"蒙头水"

0~40cm土层土壤相对含水量低于70%，要造墒，可采取先造墒再播种，或播种后浇"蒙头水"并及时破土出苗的方法。

三、小麦镇压技术

使用镇压设备或小麦专用的镇压机械在小麦越冬前4叶后或早春起身前进行镇压的技术。冬季镇压有利于保水、保肥、保温，能防冻保苗，控上促下，使麦根扎实，麦苗生长健壮；早春麦田镇压可控旺转壮，提墒节水。但应注意霜冻麦田不压，盐碱涝洼地麦田不压，土壤过湿麦田不压，已拔节麦田不压。

四、小麦氮肥后移技术

到拔节期或拔节后期追肥浇水，适用于壮苗麦田的管理措施。技术要点如下。

（1）对地力水平较高，适期播种且群体70万~80万株/亩的一类麦田，要在小麦拔节中后期结合浇水亩追尿素10~15kg。

（2）对地力水平一般，群体60万~70万株/亩的一类麦田，要在小麦拔节初期结合浇水亩追尿素15kg左右。

第二节 小麦晚播抗逆稳产技术

一、技术要点

1. 品种选择

选择多粒大穗品种，通过单穗粒重的提高，保证产量稳定提高。

2. 合理增密

适度增加播种量，以 10 月 10 日作为常规最佳播期和常规最佳播种量，每晚播 1 天，亩均增加播种量 0.25kg。亩最高播量不超过 25kg。

3. 适期延播

通常适宜延迟播期至 10 月 30 日，不影响产量。最晚播期 12 月上旬。

4. 科学控肥

底肥可减少氮肥施用量 15%～20%；翌年 3 月上旬小麦返青期亩均追施尿素 5～8kg；4 月上旬拔节前期亩追施 30-0-5 氮磷钾复合肥 10～15kg。

5. 配套技术

改传统条播为宽幅播种，在获得相同单穗粒重条件下，单位面积容穗量增加 20%～25%，为合理增密、保穗数、增粒数奠定基础。

二、注意事项

土壤肥力状况是决定晚播条件下小麦产量的重要因素。高产田供肥供水能力强，能够充分发挥晚播增粒、增穗重并保持高产的潜力。土壤肥力较低的田块，晚播条件下千粒重有可能会降低，从而导致增粒增穗重潜力变小，产量降低幅度加大。因此，一方面应注意采取多种措施培肥地力，不断提高地力水平，另一方面在品种选择上，建议选择多粒大穗型品种。

第三节　旱地小麦抗逆简化栽培技术

一、技术要点

1. 播前整地

土层深度大于100cm通过深耕或深松进行，耕深以25cm左右为宜。土层深度小于100cm进行旋耕加2~3年深耕或深松1次。

2. 播种与施肥

选用抗旱性强、抗病性好的小麦品种。确定合理的群体结构。对分蘖成穗率低的大穗品种，每亩为15万~18万基本苗，冬前每亩总茎数为计划穗数的2.0~2.5倍，春季最大总茎数为计划穗数的2.5~3.0倍，每亩成穗数30万~35万，每穗粒数40粒左右，千粒重45g以上；对分蘖成穗率高的品种，每亩为12万~15万基本苗，冬前每亩总茎数为计划穗数的2.0~2.5倍，春季最大总茎数为计划穗数的2.5~3.0倍，每亩成穗数45万~50万，每穗粒数32~35粒，千粒重40g左右。

实行保水剂与化肥配合施用，氮磷钾肥平衡施用，重视磷钾肥，氮磷钾比一般以1:1:0.8为宜，其中缓释肥与复合肥各占50%，即施肥量为：纯N 9~12kg/亩，P_2O_5 9~12kg/亩，K_2O 7~10kg/亩；再配施凹凸棒石保水剂1.5kg/亩。

播种时选用种肥同播机，减少肥料损失，提高肥料利用效率。据田间墒情适时播种，不起垄，不整畦，平均行距22~26cm，播种深度为3~5cm，下种均匀，深浅一致，不漏播，不重播，地头地边播种整齐。

3. 田间管理

播种后耕层墒情较差时应进行镇压，以利于出苗。早春加强麦田管理，在降水较多年份，耕层墒情较好时应及早中耕保墒；秋冬雨雪较少，表土变干而坷垃较多时应进行镇压。从小麦拔节期开始，就应注意防治纹枯病、白粉病、锈病及蚜虫。在后期田间脱肥时，施用浓度 1.0%～2.0% 尿素或 0.1%～0.2% 磷酸二氢钾溶液，在开花前后喷施两次，每次间隔 10 天，可与防治病虫害的药剂配合使用，实现"一喷三防"。

4. 适期收获，秸秆还田

提倡用联合收割机在蜡熟末期收获。小麦秸秆还田，实行单收、单打和单储。

二、注意事项

播种时应选用种肥同播机，以提高保水剂与肥料使用效果，提高作业效率。

第四节　盐碱地冬小麦节水增产播种技术

一、技术要点

1. 前茬秸秆处理

秸秆的粉碎长度不大于 5cm，撒施尿素量为 1.5～2.0kg/亩。

2. 深耕或旋耕+深松

深耕 25cm 以上或旋耕 10cm 以上，使秸秆与土壤充分接触；浇水前深松，打破犁底层，增加土壤蓄水能力。

3. 浇水洗盐造墒

深松后浇水，可提高土壤蓄水量和洗盐效果。

4. 播前旋耕 2 遍

减少土坷垃并使秸秆与土壤充分混合，提高土壤适种性。

5. 播前镇压

避免土壤过于松软而导致播种过深而形成弱苗，采用轮式镇压器，既能把旋耕后的土壤适度压实又避免了压实过度影响播种。

6. 采用中大穗、多粒型品种

采用每穗平均 38 粒以上、千粒重 40g 以上的品种，如临麦 4 号、济麦 22、鲁原 502、鲁麦 23 或临麦 2 号等。

7. 加大播种量

按 20.0~27.5kg/亩的播种量播种。

8. 推迟播期

将播期推迟到 10 月下旬至 11 月初。

9. 播种方式

采用窄行距（12~15cm）、宽苗带（10~15cm）的播种方式，播后适时镇压。

二、注意事项

一定要采用中大穗、多粒型品种，并加大播量。

要先深松再浇水，加大土壤蓄水量，并适当延后播期。

要减少行距，增加苗带，使小麦尽早封垄，不适宜宽幅精播。

第五节　小麦高低畦栽培技术

小麦高低畦栽培技术是滨州市农业科学院耿爱民研究员多年来探索的节水、增产新技术，先后在滨州、淄博、泰安等地进行示范。

一、高低畦栽培技术模式

1. 传统畦作的缺陷

井灌区的传统种植模式：畦作，大畦宽 1.7~2.2m；种植畦面宽 1m 左右，畦埂占地 0.4~0.5m。传统大畦种植，在深井灌区地下水位低，单井出水量少，渗水更多，流速过慢，造成浇地困难。传统小畦种植，土地利用率低，光能浪费严重，畦埂上后期易滋生杂草。两种方式，都难以达到高产和稳产。

2. 高低畦栽培模式

四高二低模式：将畦埂改为高畦，将沟整平做成低畦，高畦仍然种植 4 个苗带小麦，低畦（原来畦埂位置）播种 2 个苗带小麦。并采取低畦浇水灌溉，高畦渗灌，种肥同播，分行施肥。目前该模式机械还不十分成熟，推广面积不大。

二高四低高低畦模式：将畦埂扩宽整平，播种 2 个苗带，成为二高四低模式的高低畦。该模式机械较为完善，田间作业效果好，是目前高低畦种植的主要模式。

两高两低模式：畦埂 0.6m，畦面 0.6m，分别种植小麦 2行；玉米季分别种植玉米 1 行。该模式更适于小麦玉米上下茬衔接。

目前二高四低模式机械更为完善，田间作业效果更为理想。

二、高低畦栽培的作用效果

1. 减少土地浪费，提高土地利用率

传统种植模式只在畦内播种，畦埂土地被浪费了，种植由传统的 4 个播种苗带，增加到 6 个播种苗带。扣除边际效应因素外，净增加土地利用面积 20%，显著提高了土地利用率。

2. 减少灌溉用水，提高水分利用率

根据灌溉用时计算，可以节约用水 10%~20%。

水分利用率提高原因分析：耕层土壤水分散失主要有两个方面，其一是作物蒸腾，其二是地表蒸发。蒸发水是水分主要浪费途径，蒸发速度与是否存在毛细水关系更加紧密，高低畦栽培中高畦没有直接的毛细水耗散，高畦有很好的保墒效果。蒸发主要与风速、气温、空气相对湿度有关，低畦中风速与温度比高畦低，湿度比高畦高，因此相对减缓蒸发，如果低畦再窄一点蒸发相对会更少一些（四高二低模式、二高二低模式）。

据中国农业科学院灌溉研究所研究表明，相同灌水处理下，HLC（高低畦）栽培方式下的冬小麦土壤储水利用率显著高于 TC（畦作）和 RC（垄作）种植方式，分别提升 65.76% 和 116.26%。

3. 减少漏光损失，提高光能利用率

据测算高低畦栽培比传统小畦种植，可以减少漏光损失 20%以上，提高了光能利用率，有效增加小麦生物产量与籽粒产量。

4. 减少杂草滋生，提高了小麦产量

传统小畦种植畦埂后期不能正常封垄，为杂草滋生提供了条件。而高低畦种植，小麦田间没有杂草生长的空间。

三、高低畦栽培对小麦的生长发育的影响

高低畦栽培中，高畦比低畦土壤透气性好，三态协调，利于根呼吸，根系发达，基部节间短，植株矮，抗倒伏能力强，病害轻，增加了亩穗数、穗粒数和千粒重，增产效果显著。2020 年博兴县店子镇店子村小麦高低畦种植技术试验区平均亩产 718.1kg，比常规小畦种植的对照区亩增 76.6kg，增幅 11.9%。

四、注意事项

1. 注意行向问题

适宜南北行向。如果东西方向种植，越冬期间低畦南侧小麦苗带受光差，温度低，麦苗发育偏弱；而低畦北苗带，在高畦前受光好，温度高，麦苗早发，长势显著好于其他苗带。南北行向种植不存在这些问题。

2. 注意土壤类型

盐碱地不适宜采用高低畦种植。由于随着水分蒸发，盐碱向高处走，盐碱地若采取高低畦栽培会导致高畦返碱严重，造成高畦盐碱死苗。

栽培机械与模式类型仍需完善配套。

五、应用前景

采用高低畦种植，只灌溉低畦，灌溉时高畦畦面不直接过水，依靠土壤侧渗，其地表不板结，没有毛细水管水蒸发，减少了蒸发量，节约了灌溉用水，提高了水分利用率；土壤三态合理、水气热协调，有利于根系发育，根系发达；群体冠层形成波浪面，提高了光能利用率；改变了小麦田间小气候，有利于小麦生长发育；把传统小畦种植的畦埂改为低畦畦面并种植利用，提高了土地利用率；增产节水效果显著。我国 3.4 亿亩小麦，有一半以上适宜高低畦种植模式，现在高低畦栽培的主要机械已经配套，高低畦栽培具有广阔的发展前景。

第六节　夏玉米"一增四改"技术

合理增加种植密度、改种耐密型品种、改套种为直播、改粗放用肥为配方施肥、改人工种植为机械作业。技术要点如下。

1. 改种耐密型品种

如农大372、登海605、郑单958、登海618、浚单20等品种耐密植。

2. 合理密植

确定密度要综合考虑品种特性与生产条件、栽培水平相配套。高产田密度可适当上浮300~500株/亩，生产水平和产量指标不高，不要采用过高密度，如郑单958高产攻关田，密度上限可以达到5 500株/亩左右，一般低水肥田3 500株/亩，中上等水肥田4 000株/亩，高水肥田4 500株/亩。浚单20耐密性稍差，审定密度为4 000~4 500株/亩，一般不宜超过4 500株/亩。

3. 测土配方施肥

高产地片基肥，应稳氮、磷肥，增施钾肥和中微肥的用量。亩施纯N 4~6kg，P_2O_5 5~7kg，K_2O 6~10kg。一般选择N+P_2O_5+K_2O≥40%的玉米控释配方肥40~50kg，并根据土壤肥力配施适量的锌、硼等微肥，一般亩用硫酸锌1kg，硼砂0.5kg。中、低产田基肥以氮、磷肥为主，配施少量的钾肥。一般亩施纯N 4~6kg，P_2O_5 4~6kg，K_2O 3~5kg。旱田基肥的施用应根据墒情而定，土壤墒情较好时可播前穿施于套种行内；墒情较差时可暂时不施基肥，播种时施用少量种肥，种肥一般选用尿素等，用量每亩2~3kg，且肥、种分离，以免烧种。

4. 抢茬直播

小麦收获后立即机械播种，争取小麦机械收获后当天完成玉米夏播。播种时间越早越好，以增加有效积温，最晚不能迟于6月15日播种。播种墒情指标要求土壤相对含水量在75%，可视降水情况借墒或播种玉米后及时浇水，确保苗齐、苗全、苗壮。播种量一般在2.5~3.0kg/亩，根据品种特性酌情增减。行距

60cm 左右，高密度情况下建议采用大小行种植，改善通风透光条件，高产田大行距 70~80cm，小行距 30~40cm。播种深度为 3~5cm。

5. 机械收获

采用联合收获机作业，既提高了收获速度，又达到了秸秆还田培肥地力的目的。机械收获时要特别注意秸秆粉碎质量问题，抛撒要均匀。

第七节　鲜食玉米绿色高效生产技术

一、技术要点

(一) 产地要求

产地宜远离交通干道和污染源，土质肥沃、有机质含量高、排灌条件良好、土壤通透性好、保水保肥、地力均匀和地势平坦。

(二) 生产技术

1. 播种季节

鲜食玉米在山东种植可以分为春播和夏秋播。春播一般要求 5~10cm 的土层温度稳定在 10~12℃为宜，覆膜播种可在 3 月中下旬播种，露地直播可在 4 月中旬播种。以后可根据市场需求安排播种时间，秋播延迟露地播种适宜时间为 7 月 10—25 日，10 月上旬至 10 月 20 日前采收结束。

2. 整地与基肥

为提高鲜食玉米的品质与商品性，整地时应施足基肥，增施有机肥。春播播前耕翻，宜浅不宜深，结合耕翻施基肥，基施全部磷肥、钾肥、有机肥和40%的氮肥，耕后立即耙耢。夏季玉米播种可在麦收后及时耕整、灭茬，足墒机械种肥同播，播种前沟施或穴施基肥。秋延迟栽培可在春季玉米收获后，贴茬直播，浅耕整地，同时基施全部磷肥、钾肥和80%的氮肥。

3. 播种

根据鲜食玉米不同播种时期，选择适应当地生态条件且经审定推广的、生育期适中、果穗均匀、品质优良及抗逆性强的鲜食玉米高产品种，播前晒种以增强种子活力，并对种子进行药剂处理（包衣种子除外）。为了提高鲜食玉米的商品率，种植密度不宜过大，亩种植3 000~4 000株为宜。

4. 严格隔离

为了保持鲜食玉米的纯正性，同一品种要连片种植，并做好与普通玉米品种的隔离，防止因串粉而影响鲜食玉米的商品性。空间隔离要求与用其他类型的玉米相隔400m以上，阻止其他玉米品种花粉传入田间；时间隔离要求与生育期相同的品种在播期上间隔20天以上，避免花期相遇。

5. 病虫草害防治

（1）草害防治。鲜食玉米是对除草剂敏感的作物，苗后施用除草剂要根据时期、温度及土壤湿度等严格选择除草剂剂型和精确操作，为防止药害发生尽量选用安全性高的药剂。可用40%硝磺·莠去津悬浮剂100mL/亩，播后苗前进行土壤喷雾；或当玉米生长至3~5叶期，用40%硝磺·莠去津悬浮剂100mL/亩对杂草进行茎叶喷施。

（2）病虫害防治。病虫害防治遵循"预防为主、综合防治"的植保方针，牢固树立绿色植保的病虫害防控理念，采取各项有效生产管理措施，坚持以"物理防治、生物防治为主，化学防治为辅"的防治原则。主要包括物理防治、生物防治和药剂防治3种方式。

物理防治：利用有害昆虫的趋光、趋色等特点，鲜食玉米大田自玉米小喇叭口期开始，安装黑光灯、频振式杀虫灯和性诱剂诱虫、杀虫，减少使用化学农药，保护鲜食玉米的生产环境，提高鲜食玉米的产品质量。人工授粉后，用高12cm、底径4cm的锥形塑料袋套住嫩穗顶部，防金龟子效果好。

生物防治：积极保护和利用天敌防治病虫害，采用生物源农药防治病虫害。例如，利用赤眼蜂防治玉米螟，根据山东玉米螟的发生和生长规律，百株玉米叶片的玉米螟卵块达10以上时，第1次放蜂，为了有较好的防效，间隔3~4天后连续放蜂2~3次，并且放蜂地块需成方连片，放蜂点在田间均匀式分布，一般每亩放3~5个点。

药剂防治：病害一般在发病初期用药，大斑病、小斑病、灰斑病可用32%戊唑·嘧菌酯悬浮剂40mL/亩均匀喷雾防治；兼治锈病对于地下害虫，可在鲜食玉米播种前，用300g/L氯氰菊酯悬浮种衣剂拌种防治。玉米螟可采用1.5%辛硫磷颗粒剂或0.4%氯虫苯甲酰胺颗粒剂在小喇叭口期和大喇叭口期玉米叶心处放7~8粒。注意在鲜穗采收前10天左右切忌用任何农药。

6. 水肥管理

（1）水分管理。土壤忌过干或过湿，一般拔节前（即8~9片叶以前）保持土壤相对含水量60%左右，拔节后要保持土壤相对含水量70%~80%。应根据天气状况和土壤墒情变化，及时采取灌排水措施，确保鲜食玉米孕穗期稳健生长。

（2）养分管理。在拔节期一次性追施氮肥，每亩施用量与基肥合计达到20kg，开沟施于行间。施肥后及时浇水。

7. 人工辅助授粉

夏播玉米遇到连续阴雨天或35℃以上连续高温时应进行人工辅助授粉，在抽丝散粉期的上午进行，可敲打雄穗，也可采粉后逐穗授粉，以提高结实率，防止秃顶，提高商品率。

（三）收获与产地初加工

1. 适期采收

鲜食玉米最佳采收期判断标准是苞叶应略微发白或发黄，手摸果穗膨大，花丝发黑发干，撕开苞叶可看到籽粒饱满，行间无缝隙。要求早晨或傍晚收获，尽可能降低果穗田间热，选择7：00以前或17：00以后，确保环境温度不超过30℃为宜。

2. 产地初加工处理

将加工厂建在生产基地附近，能保证果穗离开植株2小时内运抵厂区，同时应有与种植规模相适应的多个冷藏库，冷库控温在2~6℃，保证加工后玉米储存。

鲜食玉米的产地初级工主要包括剥皮去花丝、清洗整理、果穗沥干、分级包装和入库储藏。

另外，在上市销售时需冷链运输，运送到超市后，存放于15℃以下的低温条件下，甜玉米要求在2~3天内销售完，糯玉米要求在5~7天内销售完。

二、注意事项

种植密度不宜过大，提高果穗商品率。

注意隔离种植，防止串粉。

田间管理注意防病治虫，保证果穗商品性；禁用高残留和高毒农药，以提高商品品质。

根据市场需求确定适度种植规模，并将生产基地设在加工厂附近，便于加工处理，注意冷链运输，尽量缩短货架期。

第八节　玉米大豆带状复合种植技术

一、种植模式

主要推广适合机械化作业的玉米∥大豆3：4模式。带宽3.5m，玉米行距55cm，大豆行距40cm，玉米大豆间距60cm。玉米选用郑单958和迪卡517等紧凑或半紧凑型品种，大豆选用齐黄34、冀豆12等耐阴、抗倒品种。

二、规范播种

玉米、大豆都采用机械播种。要适墒播种，越早越好，最迟不晚于6月20日。玉米播深3~5cm，株距13~14cm；大豆播深3cm左右，株距10cm左右。播后亩用75~100mL 960g/L精异丙甲草胺乳油，兑水30~35kg，均匀喷雾除草。

三、加强管理

玉米大喇叭口期，在玉米行10~15cm处，亩追施纯氮8~12kg。大豆鼓粒初期，亩追施氮磷钾复合肥5~10kg；大豆鼓粒中后期，每7~10天叶面喷施0.1%~0.2%磷酸二氢钾1~2次。生长较旺的半紧凑型玉米，在8~10叶展开时，亩用50%矮壮素水剂25~30g，兑水15~20kg，喷洒玉米上部叶片控制旺长。大豆分枝初期或初花期，10%多唑·甲哌鎓可湿性粉剂65~80g/亩，兑水40~50kg，喷洒茎叶控制旺长。

第九节　夏玉米籽粒机械化收获技术

一、技术要点

玉米籽粒机械化收获是用联合收获机一次完成玉米的摘穗、果穗剥皮、脱粒和清选等作业，该技术后期需要配套粮食烘干技术。

1. 农艺技术

农艺要求包括玉米品种、播期、收获期、亩株数、株距和行距等。应选择适合当地生产实际、生长周期短、收获时含水率低、收获时籽粒硬和易脱粒的玉米品种。经过试验验证，迪卡517、登海3737、登海518、先玉335和先玉047等玉米品种适宜进行籽粒直收，也适宜开展大面积推广种植。

2. 收获期确定

按照玉米生产目的，确定收获时期，一般可在玉米成熟期即籽粒乳线基本消失、基部黑层出现时收获，山东夏玉米大致在9月下旬或10月上旬收获。

3. 作业条件

按照 GB/T 21962—2020《玉米收获机械》要求，玉米籽粒收获机械化作业要求籽粒含水率为 15%~25%，玉米最低结穗高度>35cm，植株倒伏率<5%，果穗下垂率<15%。玉米籽粒收获机行距应与玉米种植行距相适应，行距偏差不宜超过5cm。

4. 作业质量

在适宜收获期，玉米籽粒收获作业地块符合一般作业条件时，作业质量指标应符合有关标准要求，具体见表1-1。

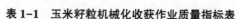

表 1-1　玉米籽粒机械化收获作业质量指标表

项　目	指　标
生产率/（hm²/h）	不低于标定生产率
总损失率/%	≤4
籽粒破碎率/%	≤5
籽粒含杂率/%	≤2.5
秸秆粉碎还田型	按照 GB/T 24675.6—2021 有关规定执行

5. 机械选择

根据地块大小、种植行距及作业质量要求选择合适的机具，推荐选用《国家支持推广的农业机械产品目录》中的玉米籽粒收获机。

6. 作业准备

开始作业前，应按使用说明书要求对机组进行全面保养、检查及调整，并紧固所有松动的螺栓、螺母，保证玉米籽粒收获作业机组状态良好，符合作业机具技术状态要求；作业前适当调整摘穗辊（或摘穗板）间隙，符合说明书要求；根据玉米的生长情况和结穗部位的高低以及倒伏情况调整摘穗台高低位置；正确调整秸秆还田机的作业高度，符合说明书要求。

7. 玉米籽粒烘干技术配套

玉米籽粒直收需要配套粮食烘干设备，籽粒直收后立即进行烘干，达到储存的标准（水分含量13%）后入仓存放。玉米籽粒如果烘干不及时，玉米籽粒短时间内就会发霉，玉米品质将大幅下降。粮食烘干机构应全力为玉米籽粒直收做好配套服务，做好玉米籽粒的及时运输、及时烘干，提高玉米籽粒的收储品质。

二、注意事项

1. 选用适宜机收的品种

黄淮海地区玉米达到生理成熟时籽粒水分约为30%，而籽粒受损失最低的水分区间应为23%~25%，籽粒每天的脱水率为0.4%~0.8%，因此，玉米生理成熟后仍需在田间晾晒10天左右，才能达到适合籽粒直收的水平。山东在推广玉米籽粒直收的过程中，推广的适宜玉米籽粒直收的品种主要有迪卡517、登海3737、登海518、先玉335、德利农7号、先玉047、秋乐218和浚单20等。

2. 加强农艺与农机融合

黄淮海地区的农民形成了一套根深蒂固的种植模式，传统的农艺未必适合现代农机作业，农机与农艺之间不融合一直是农机化发展道路上最大的阻碍，对于玉米籽粒机械化收获也是如此。山东的种植制度为玉米与小麦轮作复种，玉米收获后要抢时播种小麦，为保证农时，就要求玉米及时完成收获作业，选择适宜品种，推广"小麦晚播、早收，玉米早播、晚收"技术是推动玉米籽粒直收的关键，适当推迟玉米收获期5~10天，待籽粒含水率降到25%时再进行籽粒收获。

3. 建立健全粮食烘干机械配套服务体系

玉米籽粒收获是一个系统工程，需要粮食烘干设备作为配套，以加快玉米籽粒收获技术发展进程、满足生产需要。含水率较高的玉米籽粒若不能及时得到烘干处理，短时间内就会发霉，降低玉米品质甚至失去收储价值。粮食烘干数量得到大幅度提升，仍然不能满足市场的需求。建立、健全粮食烘干机械配套服务体系，需要各部门的大力协作、全力推进，抓好重点区域、重点对象，为玉米全程机械化生产的进一步推进打下坚实的基础。

第十节　花生单粒精播节本增效高产栽培技术

一、技术要点

1. 精选种子

精选籽粒饱满、活力高、大小均匀一致、发芽率≥95%的种子，药剂拌种或包衣。

2. 平衡施肥

根据地力情况，配方施用化肥，确保养分全面供应。增施有机肥，精准施用缓控释肥，确保养分平衡供应。施肥要做到深施，全层匀施。

3. 深耕整地

适时深耕，及时旋耕整地，随耕随耙耢，清除地膜、石块等杂物，做到地平、土细、肥匀。

4. 适期足墒播种

5cm日平均地温稳定在15℃以上，土壤含水量确保65%~70%。春花生适期在4月下旬至5月中旬播种，麦套花生在麦收前10~15天套种，夏直播花生应抢时早播。

5. 单粒精播

单粒播种，亩播13 000~17 000粒，宜起垄种植，垄距85cm，一垄两行，行距30cm左右，穴距10~12cm，裸栽播深3~5cm，覆膜压土播深2~3cm。密度要根据地力、品种、耕作方式和幼苗素质等情况来确定。肥力高、晚熟品种、春播、覆膜、苗壮，或分枝多、半匍匐型品种，宜降低密度，反之则增加密度。夏播根据情况适当增加密度。覆膜栽培时，膜上筑土带3~

4cm，当子叶节升至膜面时，根据情况及时撤土清棵，确保侧枝出膜、子叶节出土。

6. 肥水调控

花生生长关键时期，遇旱适时适量浇水，遇涝及时排水，确保适宜的土壤墒情。花生生长中后期，酌情化控和叶面喷肥，雨水多、肥力好的地块，宜在主茎高 28～30cm 时开始化控，提倡"提早、减量、增次"化控，确保植株不旺长、不脱肥。

7. 防治病虫害

采用综合防治措施，严控病虫害，确保不缺株、叶片不受害。

二、注意事项

要注意精选种子。密度要重点考虑幼苗素质，苗壮、单株生产力高，降低播种密度，反之则增加密度；肥水条件好的高产地块宜减小密度，旱（薄）地、盐碱地等肥力较差的地块适当增加密度。

第十一节　花生夏直播高产高效栽培技术

一、技术要点

1. 地块选择

选用轻壤或砂壤土，土壤肥力中等以上，有排灌条件的高产田，采用地膜覆盖栽培，积温条件好的地区可以采用露地（免耕）直播。

2. 前茬增肥

在计划小麦收获后直播花生的麦田，应在小麦播种前结合耕

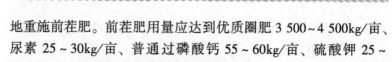

地重施前茬肥。前茬肥用量应达到优质圈肥 3 500~4 500kg/亩、尿素 25~30kg/亩、普通过磷酸钙 55~60kg/亩、硫酸钾 25~30kg/亩，或相当于以上肥料数量的复合肥。

3. 整地施肥

麦收后，抓紧时间整地、施足基肥。每亩施土杂肥 3 500~4 500kg，化肥施纯氮 10~12kg，五氧化二磷 8~10kg，氧化钾 10~12kg。根据土壤养分丰缺情况，适当增加钙肥和硼、锌、铁等微量元素肥料的施用。肥料类型应速效和长、缓效肥料相结合。小麦收获后，将上述肥料撒施在地表，然后耕翻 20~25cm，再用旋耕犁旋打 2~3 遍，将麦茬打碎，整地做到土松、地平、土细、肥匀及墒足。

4. 品种选择

选择适于晚播、矮秆及早熟的高产优质小麦品种；选用增产潜力大、品质优良及综合抗性好的早熟或中早熟花生良种。

5. 覆盖地膜

小麦种植方式同一般畦田麦。麦收后灭茬、粉碎秸秆，起垄覆膜。垄距 80~85cm，垄面宽 50~55cm，垄上播种 2 行花生，播种深度 3~5cm。垄上小行距 30~35cm，垄间大行距 50cm。覆膜后在播种行上方盖 5cm 厚的土埂，诱导花生子叶自动破膜出土和防止膜下温度过高烧种。有条件的最好采用机械化覆膜，将起垄、播种、喷除草剂及盖膜等工序一次完成。

6. 种植密度

大花生每亩 10 000~11 000 穴，小花生每亩 11 000~12 000 穴，每穴 2 粒种子。

7. 抢时早播

前茬小麦收后，抢时早种，越早越好。力争在 6 月 10 日前播种，最迟不能晚于 6 月 15 日。

8. 适时晚收

夏直播花生产量形成期短，应尽量晚收，以延长荚果充实时间，提高荚果饱满度和产量。适宜收获期为 10 月上旬。

二、注意事项

夏花生对干旱十分敏感，任何时期都不能受旱，尤其是盛花和大量果针形成下针阶段（7 月下旬至 8 月上旬）是需水临界期，干旱时应及时灌溉，同时，夏花生也怕芽涝、苗涝，应注意排水。中期应注意控制营养生长旺长防止倒伏；后期防治叶斑病，保叶防止早衰。

第十二节 麦茬水稻直播栽培技术

一、技术要点

1. 品种选择

选择通过审定后可合法推广且适宜该区域种植、生育期较短、发芽势强、早生快发、分蘖力适中及抗倒性好的中早熟品种。

2. 种子处理

播种前晒种 2~3 天。人工撒播田块选用药剂浸种 2 天，机械条播地块选用药剂包衣种子。

3. 精细整地

麦收后秸秆还田，小麦留茬高度 <15cm，秸秆切碎长度 <10cm，小麦秸秆均匀抛撒于田间，结合旋耕还田施入基肥。同一地块平整高度差不超过 3cm。

4. 播种技术

麦收后抢茬早播，播种时间不能晚于 6 月 20 日。可采用人

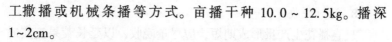

工撒播或机械条播等方式。亩播干种 10.0 ~ 12.5kg。播深 1~2cm。

5. 科学灌水

根据水稻生长发育需水规律合理灌溉。播后立即浇大水，浸泡田块 2~3 天，出现积水及时排出。3 叶期前保持田间湿润，3 叶期后建立浅水层，7 月下旬适当晾田，8 月上旬复水，孕穗期至扬花期保持浅水层，灌浆期采用间歇灌水法，干湿交替。

6. 合理施肥

提倡有机肥与无机肥结合使用。亩施有机肥 1 500~2 000kg、纯 N 4.5~5.5kg、P_2O_5 5~6kg、K_2O 5~6kg。小麦秸秆还田地块，每 100kg 秸秆增施尿素 2kg。亩追施尿素 30~35kg，分 3 次追施。如使用水稻免追肥，宜种肥同播，每亩施用水稻免追肥（28-7-10）50~70kg，种肥隔离。

7. 杂草防除

通过旋耕耙地等耕作措施防除杂草，或水旱轮作防除杂草稻。水稻播后苗前，每亩可用 40%噁草·丁草胺乳油兑水对土壤均匀喷雾。杂草 2~5 叶期（与封闭用药期间隔约 20 天，水稻 3 叶期前后）可用 10%氰氟草酯乳油或 20%噁唑·灭草松微乳剂对杂草茎叶喷雾处理。

8. 病虫害防治

以农业防治为基础，推行生物防治和物理防治，合理进行化学防治。

（1）农业防治。及时清除田间杂草和病残体，合理密植，平衡施肥，减少无效分蘖。

（2）生物防治。可释放稻螟赤眼蜂，种植香根草，喷施苏云金杆菌防治二化螟、稻纵卷叶螟、大螟等害虫，可用枯草芽孢杆菌防治稻瘟病、纹枯病。

（3）物理防治。可用频振式杀虫灯或黑光灯、性诱剂诱杀大螟、稻苞虫、二化螟、三化螟、稻纵卷叶螟等成虫。

（4）化学防治。在破口期前3~5天，可用25%噻呋·嘧菌酯悬浮剂预防穗颈瘟、稻曲病、纹枯病，在分蘖末期封行后用30%苯甲·丙环唑乳油防治稻瘟病、纹枯病。可用5%多杀·甲维盐悬浮剂或30%氯虫苯甲酰胺悬浮剂防治稻纵卷叶螟、二化螟、大螟、黏虫等害虫，用50%氟啶虫酰胺水分散粒剂或25%吡蚜酮可湿性粉剂防治稻飞虱；或用23%溴酰·三氟苯悬浮剂可同时防治稻飞虱、稻纵卷叶螟、二化螟。

9. 适时收获

水稻适宜收获的时期为蜡熟末期至完熟初期，在95%籽粒黄熟时收获。

二、注意事项

1. 选择适宜直播的品种

在生产中要注意选择生育期较短的中早熟品种，麦收后及时播种。

2. 提高播种质量

要注意精细平整地块，封闭除草，播种均匀，播后及时浇水，保持土壤湿润，确保苗齐苗全。

3. 控制草害

直播稻省去了通过拔苗移栽来清除杂草的过程，加大了草害发生的可能性。外部形态和水稻极为相似的杂草稻发生逐年加重，危害性极大，要做好土壤封闭除草和苗期除草工作。

第十三节　夏大豆精播栽培技术

一、技术要点

1. 精量播种

（1）适墒播种。小麦收获后，不用整地，及时抢墒播种。6月10—20日为最佳播种时间，可以适墒早播。如果土壤墒情不足，要及早浇水造墒再播种。

（2）精量点播。用大豆专用精量播种机，单粒点播，行距50cm，株距10cm，保苗1.0万~1.3万株/亩。播深3~5cm，要深浅一致，覆土均匀，不要镇压。播量3.5~4.0kg/亩，要根据品种特性、土壤肥力、播种时间等，合理确定种植密度。

（3）种肥同播。根据土壤肥力不同，适当增减施肥量。一般施用氮磷钾复合肥（$N : P_2O_5 : K_2O = 1 : 1.5 : 1.2$）10~15kg/亩。种肥同播，肥料位于种下及侧方各5~8cm，以防烧苗。连续多年未种植大豆的地块可不施或少施氮肥。

2. 播后管理

（1）喷施除草剂。

播后苗前：播后抓紧时间喷施除草剂，可用960g/L精异丙甲草胺乳油40~60mL/亩或33%二甲戊灵乳油150~200mL/亩，兑水40~50kg，表土喷雾，封闭除草。田间有大草的，可加草甘膦一起喷施。注意表土不能太干，一定要喷洒均匀，不要重喷、漏喷。

苗后除草：在大豆2~3片复叶时，用25%氟磺胺草醚水剂50~60mL/亩或15%精吡氟禾草灵乳油50~80mL/亩，兑水30~40kg，在10:00之前或16:00以后，早晚气温较低时进行。人工施药时，可加防护罩、压低喷头，对行间杂草茎叶定向喷雾，减少用药量，提高防效。喷雾要均匀周到，田间地头都要喷到。

（2）加强田间管理。及时防病治虫、防旱排渍、叶面施肥、适时化控，特别要注意盛花期防治点蜂缘蝽。在生长后期，田间有苘麻、反枝苋、狗尾草等杂草时，应该及时清除，尤其是要在草籽尚未成熟前拔除大草，以增强透光透风。

3. 适期收获

（1）收获时期。当田间大豆叶片全部脱落后，茎、荚和籽粒均呈现出品种的色泽，籽粒饱满，色泽纯正，植株摇动时有清脆响声，可进行机械收获。一般为9：00至17：00，要尽量避免带露水收获，防止籽粒黏附泥土，影响外观品质。

（2）收获要求。采用大豆专用联合收割机收获，成熟后可适当推迟3~5天，或籽粒含水量降至15%以下时收割。要求割茬低，不留底荚，不丢枝，田间损失≤3%，收割综合损失≤1.5%，破碎率≤3%，泥花脸≤5%。

二、注意事项

采用大豆专用精量播种机和专用联合收割机。

要适墒播种，及时防除杂草、防治害虫。

第十四节　盐碱地高粱简化栽培技术

一、技术要点

1. 播前整地

前茬作物收获后及时秋深耕，耕翻深度25~30cm。重度盐碱地可结合秋耕施以腐殖酸、含硫化合物和微量元素为主的土壤改

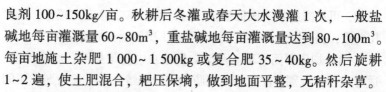

良剂 100~150kg/亩。秋耕后冬灌或春天大水漫灌 1 次，一般盐碱地每亩灌溉量 60~80m³，重盐碱地每亩灌溉量达到 80~100m³。每亩地施土杂肥 1 000~1 500kg 或复合肥 35~40kg。然后旋耕 1~2 遍，使土肥混合，耙压保墒，做到地面平整，无秸秆杂草。

2. 品种选择

根据当地生态类型和气候条件，因地制宜选择优质高产、抗逆性强和熟期适宜的优质品种，如济粱 1 号、济甜杂 2 号、吉杂 123 和龙杂 11 等品种。

3. 精量播种

依据地温和土壤墒情确定播期，一般 10cm 耕层地温稳定在 10~12℃，土壤相对含水量在 15%~20% 为宜。山东省适宜播种期为 3 月中下旬至 5 月下旬。采用可一次性完成开沟、播种、覆土及镇压等工序的精量播种机，重度盐碱地可用覆膜播种机播种，出苗后破膜放苗。一般盐碱地播种量为 1.0~1.5kg/亩，行距 50~60cm，重度盐碱地播种量适当加大。播种深度一般为 3~5cm，做到深浅一致，覆土均匀。

4. 化学除草

高粱使用除草剂提倡在出苗前进行，一般不宜在苗期喷除草剂。播后苗前，每亩选用 38% 莠去津悬浮剂 180mL，或用 960g/L异丙甲草胺乳油 100mL，或用 50% 异甲·莠去津悬浮剂 150~200mL。兑水喷洒土表。

5. 田间管理

早熟、矮秆、叶窄的品种每亩适宜保苗 8 000~10 000 株，晚熟、高秆、叶宽大的品种每亩适宜保苗 5 000~6 000 株，甜高粱每亩保苗 5 000 株以上。出苗后要进行浅中耕，以便松土保墒。拔节期幼穗分化阶段，结合中耕培土进行追肥，施用尿素 10kg。高粱耐旱，苗期需水不多，必要时可先灌水补墒后播种。

拔节孕穗、乳熟期缺水对产量影响很大，有条件地区应及时灌水。多雨季节应及时排水防涝。

6. 病虫害防治

高粱蚜：用25g/L高效氯氟氰菊酯乳油12～20mL/亩喷雾防治，兼治黏虫。玉米螟：在高粱生长季释放赤眼蜂2～3次，玉米螟产卵初期田间百株高粱上玉米螟虫卵块达2～3块时进行第1次放蜂，第1次放蜂后5～7天进行第2次放蜂，一般每次放蜂2万头/亩。或用200g/L氯虫苯甲酰胺悬浮剂12mL/亩喷雾，兼治桃蛀螟。

7. 机械收获

粒用高粱在籽粒达到完熟期，籽粒含水量20%左右时，用高粱籽粒收获机进行机械化收获，没有专用高粱籽粒收获机械时，可以用小麦收获机或大豆收获机改造收获。蜡熟期是甜高粱茎秆中糖分含量最高时期，应及时收获。延迟收获，会导致茎秆中的糖分含量下降。作为青贮饲料时，可用专用青贮收获机在乳熟末期后开始收获。

二、注意事项

高粱属于药物敏感型作物，切忌使用有机磷、有机氮和无机铜制剂，应选用适合高粱田应用的专用除草剂和农药，并严格掌握使用浓度与方法。

第十五节 谷子精播简化栽培技术

一、技术要点

1. 整地、施肥

播种前整地，耕翻、整平耙细，上松下实，无大坷垃。

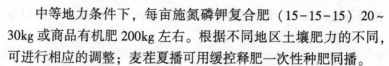

中等地力条件下，每亩施氮磷钾复合肥（15-15-15）20~30kg 或商品有机肥 200kg 左右。根据不同地区土壤肥力的不同，可进行相应的调整；麦茬夏播可用缓控释肥一次性种肥同播。

2. 品种选择

选择符合当地生态条件的优质、抗逆品种，如济谷 19、济谷 20、济谷 21、中谷 2 号或豫谷 18 等。

3. 播种时期

春谷一般在 5 月上中旬抢墒播种；夏谷应抢墒播种，6 月底之前完成。

4. 精量播种

宜采用机械化精量播种，行距 40~50cm。亩用种量 0.35~0.45kg；麦茬地块播种量应适当加大，用种量 0.5 kg/亩左右；根据整地质量、土壤质地、墒情以及种子籽粒大小适当调整播种量。

5. 除草、中耕、追肥

谷子播后、苗前，在无风、12 小时内无雨的条件下用 10% 甲嘧磺隆可湿性粉剂均匀喷施于地表，每亩用量 120~140g，兑水 30~50kg，可有效防除单、双子叶杂草。砂壤土减量使用。

谷子拔节后，结合中耕除草、培土，每亩追施尿素 10kg 左右。

6. 病虫害防治

（1）虫害。春谷在 10 叶期左右，注意防治灰飞虱、蚜虫和蓟马等。夏谷根据情况适时防治钻心虫和黏虫等，可用 25g/L 溴氰菊酯乳油等菊酯类农药防治。

（2）病害。主要是白发病、线虫病、谷瘟病等。推荐利用种衣剂拌种防治白发病和线虫病等。

白发病：可用 35% 甲霜灵种子处理干粉剂按种子量的

0.2%~0.3%拌种。

线虫病：辛硫磷按种子量的 0.3%拌种，避光闷种 4 小时，晾干后播种。

谷瘟病：2%春雷霉素可湿性粉剂 500~600 倍液兑水喷雾。

7. 收获

适宜的收获期应在籽粒变黄、基本无青粒、95%的籽粒坚硬时最佳，晚收对小米色泽和产量都有一定影响。机械收获可适当推迟。

二、注意事项

控制播种量，播种前应做发芽试验，谷子发芽率不低于 80%。

除草剂应用时，不要任意加大或减少用量，避免造成药害或影响药效。

第二章 绿色蔬菜栽培

第一节 绿色食品西瓜生产技术规程

一、产地条件

选择土壤排水良好、土层深厚肥沃、疏松的沙质壤土，有机质含量在 2% 以上，土壤 pH 值在 7 左右。

产地环境条件符合 NY/T 391 的要求。

二、种子及其处理

1. 品种选择

选用抗逆性强、高产、优质的品种，大拱棚选择京欣系列、鲁丰 1 号、潍创天王早熟品种；日光温室栽培可选择墨童、蜜童、早春蜜等小型礼品瓜，吊蔓高密度栽培。种子要求纯度不低于 95%，净度不低于 98%，发芽率为 90% 以上，含水量不高于 12%。

2. 晒种

播前 15 天内，晒种 2 天。

三、育苗

（一）育苗时间

大拱棚栽培采取 3~4 膜覆盖，12 月下旬嫁接育苗，早春小拱棚栽培 1 月下旬嫁接育苗；砧木选择南砧一号。采取插接嫁接方法。壮苗标准为苗龄期 30~40 天，叶龄在 4~5 片叶，株高 10~15cm。

（二）苗床准备

1. 育苗床建造与选择

育苗要选择地势较高、通风透光、靠近种植地片的地方建造简易日光温室，温室内建塑料小拱棚阳畦，营养钵或营养块育苗。

2. 小拱棚规格

东西宽 1.2~1.5m，南北长 6~8m，深 15~20cm。

3. 营养土配制

用肥沃园土 60%，腐熟厩肥 40%，每立方米营养土中加入尿素和硫酸钾各 0.5kg，磷酸二铵 2kg。

（三）浸种催芽

1. 浸种

温汤浸种：把种子放入 55℃ 温水中浸种 15 分钟，并不断搅动，水温降至 30~40℃ 浸泡 12 小时。

药剂浸种：用 25g/L 咯菌腈种子处理悬浮剂 500mL 加水 1~2L 稀释后，与 100kg 种子拌匀晾干即可。

2. 催芽

将浸泡好的种子，捞出沥去多余水分，用干净纱布包好恒温催芽，砧木种子置于 25~28℃ 的条件下催芽，西瓜种子置于 25~30℃ 的条件下催芽，种子露白后即可准备播种。

（四）播种

在播种前 2~3 天一次性浇透苗床水，然后覆盖地膜提温。先播砧木种子，4~5 天后砧木出齐再播西瓜种子。播种时每块营养钵或营养方块平卧点播一粒，砧木覆土 1.5~2.0cm，西瓜种子覆土 1.0cm，然后再覆盖地膜保温保湿，提高出苗率。

（五）苗床管理

1. 嫁接前管理

播种至出苗，白天保持在 25~28℃，夜间 17~19℃，出苗后揭去地膜适当降温，白天控制温度 20~25℃，夜间 15~17℃。嫁接前不浇水。

2. 嫁接方法

采用插接方式嫁接。嫁接要选择晴天，嫁接时砧木与接穗切口对齐，松紧适度。

3. 嫁接后管理

嫁接后的 3 天内小拱棚膜要压紧盖严，白天保持在 25~28℃，夜间 17~19℃，空气湿度控制到 90% 以上。同时，10:00—16:00 要用草苫等物遮阴。3 天后开始换气，并逐步加大通风量。嫁接成活后（10~12 天），控制白天温度 22~24℃，夜间 14~17℃，空气湿度控制到 50%~60%。

四、选茬、整地

（一）选地

露地栽宜选择土壤疏松肥沃、保水保肥及排水良好的地块。

（二）挖沟冻垡

每年冬前按定植行距挖定植沟，沟深 40cm，宽 80cm。挖沟时先将上层熟土置于沟两侧，再将生土紧靠熟土置于外侧，将瓜沟进行风化冻垡。

（三）整地施肥

定植前 15 天进行整地施肥，每亩施经无害化处理的优质腐熟圈肥 5 000kg、腐熟饼肥 150kg。各肥料与熟土混匀后施于沟内整平，将生土在原处耙平呈龟背形，然后灌水覆地膜提温备栽。

五、定植

定植前 3~5 天扣棚提温。移栽时必须选晴天进行。早春大拱棚栽培在 2 月上旬，早春露地栽培在 3 月中旬。定植的株距为 55~65cm。定植时苗坨与地面平齐，脱掉营养钵，先封半穴土轻轻将苗栽住，然后浇水，水渗下后封穴，再盖地膜。定植后 3 天，白天控制温度 22~25℃，相对湿度 60% 左右，尽量提高地温达 18℃，以促进缓苗。

六、田间管理

1. 温度管理

早春大拱棚西瓜缓好苗至坐瓜阶段，温度控制在 25~28℃，空气相对湿度 50%~60%；从坐瓜至成熟阶段，控制温度 30~35℃，相对湿度 50%~60%。

2. 浇水

定植时浇足底水，缓苗期不再浇水，伸蔓期浇一次小水，至坐瓜前不再浇水。大拱棚西瓜长至 2kg 至膨大期结束浇小水 2 次。露地西瓜可在瓜膨大期浇一次大水。

3. 追肥

植株伸蔓以后，结合中耕每亩施腐熟饼肥 50kg、尿素 5kg，伸蔓后期至坐果前适量追施磷、钾肥。幼瓜膨大时，每亩追施磷酸二铵 20kg、硫酸钾 10kg 或 20-10-20 的氮磷钾复合肥 30kg。根外追肥，早春大拱棚西瓜于 4 月上中旬，露地西瓜于 5 月下旬、6 月上中旬每亩各用 0.1kg 磷酸二氢钾配制成 0.2% 的溶液叶面喷洒 1 次。

4. 植株调整

采用双蔓整枝，植株保留主、侧两蔓，选主蔓上的第 2 个雌花留瓜，其余雌花全部去掉，在瓜前留 10 片叶掐尖，主蔓和所保留侧蔓上叶腋内萌发的枝芽要及时打掉。早春大拱棚西瓜栽培，只理蔓，不压蔓；早春露地西瓜 4 月中旬后撤小拱棚膜，坐瓜后及时压蔓。

5. 人工授粉

采用人工辅助授粉，以提高坐瓜率。每天 6：00—9：00 摘下当天开放的雄花，去掉花瓣，将花粉轻涂在雌花柱头上。早春大拱棚西瓜可采取熊蜂授粉，花期每亩放蜂 50 头。

6. 选瓜留瓜

在主蔓第二雌花节位留瓜，及时垫瓜、翻瓜，保证瓜形端正和皮色美观。

七、主要病虫害及其防治

（一）主要病虫害

西瓜的早春大拱棚栽培及露地西瓜早春栽培，避开了 7 月高发病季节，病虫害较轻。病害主要有炭疽病、白粉病；虫害主要包括蚜虫、蝼蛄等。

（二）防治原则

按照"预防为主，综合防治"的植保方针，坚持以农业防治、物理防治、生物防治为主，化学防治为辅的无害化治理原则。

（三）农业防治

1. 抗病品种

针对当地主要病虫控制对象及地片连茬种植情况，选用有针对性的高抗多抗品种。

2. 创造适宜的生育环境

采取嫁接育苗，培育适龄壮苗，提高抗逆性；坚持采取冬前挖沟风化冻垡；早春大拱棚栽培，要通过放风、增强覆盖、辅助加温等措施，严格搞好各期温湿度控制，避免生理性病害发生；清洁田园（棚室），降低病虫基数；加强水分管理，严防积水。

3. 科学施肥

测土平衡施肥，增施腐熟有机肥。

4. 设施保护

大拱棚栽培设施的通风口要增设防虫网。

(四) 物理防治

大拱棚内悬挂黄色诱杀板（25cm×40cm），每亩 30~40 块；或铺设银灰色地膜。

(五) 化学防治

1. 主要病害

白粉病：在发病初期，用 25% 吡唑醚菌酯悬浮剂 30~40mL/亩兑水稀释后喷雾，每季最多使用 3 次，收获前 7 天前使用。

西瓜炭疽病：在发病初期喷洒 32.5% 苯甲·嘧菌酯悬浮剂 50g/亩，或 75% 肟菌·戊唑醇水分散粒剂 3 000 倍液、250g/L 吡唑醚菌酯乳油 1 300 倍液、70% 甲基硫菌灵可湿性粉剂 800 倍液或 10% 苯醚甲环唑水分散颗粒剂 800~1 000 倍液均匀喷施。隔 7~10 天喷 1 次，连续防治 2~3 次。

收获前 30 天前即坐瓜前使用。

2. 主要虫害

蚜虫：选用氟啶虫酰胺、氟啶虫胺腈、溴氰虫酰胺，这 3 种药剂对于蚜虫等刺吸式口器害虫有较好的防效。也可选用啶虫脒、吡蚜酮等烟碱类杀虫剂，用 10% 溴氰虫酰胺可分散油悬浮剂 40mL/亩喷雾可防治蚜虫、蓟马、粉虱、棉铃虫等害虫。

蝼蛄：用 2% 氟氯氰菊酯颗粒剂 1 000~2 000g/亩，撒施防治。也可用照明电灯或设置黑光灯捕杀或诱杀成虫。

八、采收

1. 采收时间

早春大拱棚于 5 月上旬采收，早春露地西瓜于 6 月中旬采收。

2. 果实成熟标志

皮色鲜艳，花纹清晰，果面发亮，果蒂附近茸毛脱落，果顶开始发软，瓜面用手指弹时发出空浊音。

3. 产品要求

形态完整，表面清洁，无擦伤，不开裂，无农药等污染，无病虫害疤痕。

第二节　绿色食品日光温室茄子生产技术规程

本标准适用于日光温室栽培条件下，每亩产量在 8 000kg 以上的茄子栽培管理技术、病虫害防治技术。

一、产地环境

产地环境条件符合 NY/T 391 的要求。

二、品种选择

日光温室越冬茬茄子栽培适宜选择耐寒、耐弱光、抗病、品质好、产量高、适合市场需求的品种，目前较好的品种主要有茄冠、凤眼、济杂长茄 1 号、郭庄长茄、青选长茄等。

三、育苗

1. 种子处理

在泥土地上铺好纸，把选好的种子摊放在上面，通过日晒

1~2 天增加种子后熟作用和杀死种子表面病菌后，放在 60~70℃ 的热水中不断搅拌，待水温降至 30℃ 时，浸泡 6~8 小时，种子充分吸足水分后，搓掉种皮上的黏液，用湿纱布包好，放置在 30~32℃ 的环境中催芽，每天用温水上午、下午淘洗 2 次，一般 6~7 天，待 80% 顶鼻即可播种。

2. 苗床土的配制

一般采用 1/3 腐熟圈肥（猪粪或厩肥）、2/3 的大田熟土，混合过筛后，每立方米床土中加 1kg 磷酸二铵和硫酸钾 0.5kg，再掺入多菌灵和辛硫磷 80g，起杀菌灭虫作用。

3. 苗畦的建立

越冬茬栽培可在棚内、外南北或东西向地面下挖 10cm，建造宽 1.0~1.2m、长根据需要而定的苗畦，畦面平整后，铺上配制好的苗床土，松紧适度，浇透水后，按 12cm×12cm 切成营养块。

4. 播种

（1）播种期：本地区适宜播期为 8 月上中旬。

（2）播种方法：播种前苗畦周围用 500 倍液多菌灵或 600 倍液的百菌清喷雾防病，然后用筷子头在营养块中部扎成 1cm 深的孔，把发芽种子播进一粒，覆土 1.0~1.5cm。

5. 苗期管理

播种后，搭起拱棚，盖上棚膜，保持拱棚内 25~30℃ 的温度和 80% 左右的湿度，5~7 天后，大部分幼苗即可出土，并能达到整齐一致。幼苗出土后，需逐步降低温度和湿度，温度管理应控制在 25~28℃，湿度应掌握在 65% 左右，每隔 10~15 天，喷洒一次磷酸二氢钾 500 倍液，待种植前 7~10 天，尽量把温度控制在白天 20℃，夜间 10℃ 左右，不浇水，控制地上生长，促进根系发育，以便锻炼幼苗的抗逆性，培育出壮苗。

四、定植

1. 棚内清理和消毒

7—8月，及时清除棚内所有残留的上茬作物的根、茎、叶，然后把棚内土壤深翻30~35cm，覆上地膜、棚膜密封，高温闷棚杀菌。如果种一茬越夏菜的棚，可在定植前清理干净上茬作物根、茎、叶，在棚内各处都用百菌清或多菌灵等农药喷雾消毒。

2. 整地、施肥、起垄

把提前腐熟好的鸡粪按每亩再加入钙镁磷肥150kg左右，酒糟2~3m³，硫酸铜1.5kg，硫酸钾5kg与土壤充分混合均匀，采用南北方向按照行距起垄，垄高15~20cm。行距为70~80cm，株距为40~45cm。然后把50kg/亩磷酸二铵和50kg/亩硫酸钾均匀地条施沟内，将肥与土充分混合后，将沟扶成垄，原垄变成沟，这种施肥方法有利于茄子主、侧根吸收养分。

3. 定植

（1）定植时间：一般定植期在9月末或10月初。

（2）定植密度：中晚熟品种每亩栽2 000~2 200株；早熟品种每亩栽3 000株左右。

（3）定植方法：在垄上按不同株距的要求刨成穴，然后把苗畦浇透水，选壮苗，连营养块定植于穴内并浇水，覆好土，盖地膜，两边压好，人行道用麦穰、玉米秸秆铺上，并及时浇透水，以利于保温。

五、田间管理

1. 前期管理

定植后15天左右，可用甲哌鎓喷洒叶面，防止植株徒长。以后每隔10~15天用500液倍磷酸二氢钾或糖醋液等喷一次叶面肥防病壮棵。白天温度控制在 25~28℃，夜温 15~18℃。为防止落花落果，待门茄、对茄坐住后，才能正常浇水、施肥、整枝、抹杈、疏花、疏果。一般采用双秆或三秆整枝法，每个枝保留 1~2 个果，成熟后要及时采摘，以免影响上部幼果的生长发育。

当门茄长到核桃大小时，可每亩随水冲施尿素 15kg，以后每隔 15 天左右，视土壤墒情浇水，隔一水施一次肥，可用腐熟农家肥每亩施 300~500kg，以农家肥为主、化肥为辅交替进行。

2. 中期管理

11 月中旬到翌年 3 月末期间的管理，主要是保温、增光，每天及时拉苫，打扫棚面灰尘，尽量增加光照，也可以后墙张挂反光幕，阴雪天有条件的白天在棚内拉灯；没条件的可适当晚拉苫，早放苫，白天保持 20~30℃、湿度 65%，夜间在草苫前（棚前）加盖小草苫，棚面上部盖棚罩保温，夜温保持在 13~18℃，午间超过 30℃时打开顶部，通风降温。

茄子越冬期管理要增施 CO_2 肥料。一般棚内 CO_2 气体浓度在 $(300 \sim 500) \times 10^{-6}$，而茄子正常需用量为 $(800 \sim 1\ 000) \times 10^{-6}$，因此要人为地在每个晴天早晨释放 1 小时左右的 CO_2 气肥，有利于提高茄子产量和质量。

3. 后期管理

4 月以后，气候逐渐转暖，只要气温最低不低于 13℃，夜间就不需要盖苫和闭风眼。随着温度逐步上升，一般 4 月下旬至 5 月上旬以后，除棚上下昼夜通风外，还要把后墙通风窗打开降温排湿，所有通风口都应用防虫网罩上。为了降温，也可在棚膜上喷涂泥巴、石灰乳。还可在棚面上采用部分覆盖草苫或遮阳网。

随着植株的增高和盛果期的到来，要及时疏掉多余的枝杈、底部老化的叶片和病叶；对达到商品标准的果实，应及时用剪子带柄剪掉，以免影响上部幼果生长。

六、病虫害防治

1. 主要病虫害

茄子的病害有绵疫病、黄萎病、青枯病、病毒病等，害虫有茶黄螨、二十八星瓢虫、蚜虫、白粉虱、蓟马、斑潜蝇、地老虎等。

2. 防治原则

坚持"预防为主，综合防治"的原则，以农业防治、物理防治和生物防治为主，严格控制化学农药和植物生长调节剂的使用。

3. 农业防治

（1）合理布局，实行轮作换茬，减少病源。

（2）注意通风降温，制造不利于病菌繁殖生存的环境。

4. 物理防治

可采用银灰膜避蚜或黄板诱杀蚜虫、白粉虱。

5. 生物防治

（1）天敌：积极保护并利用天敌防治病虫害，如丽蚜小蜂、蚜茧蜂等。

（2）生物药剂：用生物农药 2% 宁南霉素水剂 200~250 倍液，于病毒病发病前或发病初期喷雾防治。

6. 药剂防治

绵疫病：可用 80% 代森锌可湿性粉剂 500 倍液喷雾防治。

黄萎病：可用 10 亿芽孢/g 枯草芽孢杆菌可湿性粉剂 500 倍液灌根防治。

青枯病：可用 20 亿孢子/g 蜡质芽孢杆菌或 0.1 亿 CFU/g 多粘类芽孢杆菌可湿性粉剂 500 倍液喷雾防治。

螨类、斑潜蝇：可用 240g/L 虫螨腈悬浮剂 2 000 倍液喷雾防治。

白粉虱：可用 20%吡虫啉可溶液剂 15～30mL/亩喷雾；或 25%噻虫嗪水分散粒剂 2 000 倍液苗期喷雾或灌根。

七、储存

临时储存应在阴凉、通风、清洁、卫生的条件下，防日晒、雨淋、冻害及有毒有害物质的污染。堆码整齐，防止挤压等损伤。

第三节　绿色食品日光温室黄瓜生产技术规程

一、品种选择

选择抗病、优质、高产、耐储运、商品性能好、适合市场需求的品种。早春和秋冬栽培应选择高抗病毒、耐热品种；越冬栽培要选择耐低温、耐弱光、多抗病害、抗逆性好，连续结瓜能力强的品种。

禁止使用转基因种子。

二、育苗

1. 育苗设施

根据不同季节选用不同的育苗方式。秋季育苗应配有防虫遮阳网，有条件的可采用穴盘育苗和工厂化育苗，并对育苗设施进行消毒处理。

2. 营养土

选用无病虫源的田土、腐熟农家肥、草炭、复合肥等，按一定比例配制成营养土，要求孔隙度为 60%以上，pH 值 6～7，保肥、保水、营养完全。将配制好的营养土均匀铺入苗床，厚度10cm。

3. 播种床

按照种植计划准备足够的播种床。加水喷洒床土，再用塑料薄膜闷盖3天后揭开，待气体散尽后播种。

4. 种子处理

温汤浸种：把种子放入55℃热水内，边倒边搅拌，维持15分钟。

浸种催芽：黄瓜种子浸泡4~5小时，捞出洗净，于25℃下催芽。用于嫁接的南瓜种子需浸泡12小时后直播。

5. 播种方法

当70%种子破嘴即可播种。播种前浇足底水，湿润至床土深10cm。水渗下后用营养土撒一层，找平床面，然后均匀撒播种子或点播。播后覆营养土0.8~1.0cm。可用722g/L霜霉威盐酸盐水剂8mL/m²苗床浇灌防治猝倒病。秋季播种要用遮阳网遮阳。

三、苗期管理

1. 温度

秋季育苗用遮阳网调温，冬季育苗采用多层覆盖。

2. 光照

冬春育苗采用反光幕，秋季育苗须遮阳。

3. 水分

水分要浇足，视育苗季节和墒情适当浇水。

嫁接、分苗：在黑籽南瓜子叶展平时嫁接，不嫁接的当幼苗在2叶1心时分苗。

扩大营养面积：秧苗3~4叶时加大苗距，容器（营养钵）间隙要用细土或糠填满，以保湿保温。

炼苗：撤去保温层（或遮阳网）适当控制水分并通风降温。

四、定植

1. 壮苗指标

株高 15cm，4~5 片叶，叶色浓绿、厚，茎粗 1cm 左右，无病害。

2. 整地施基肥

基肥施入量：每亩施优质有机肥 4 000kg。使用的肥料要符合 NY/T 394—2021《绿色食品 肥料使用准则》。

3. 定植时间

在 10cm 土温稳定在 10℃ 后定植。嫁接苗在嫁接后 25 天左右定植。

4. 定植密度及方法

采用大小行栽培，覆盖地膜。根据品种特性、气候条件及栽培习惯，每亩定植 3 600~4 000 株。

五、田间管理措施

1. 温度

缓苗期：白天 28~30℃，晚上不低于 16℃。

开花坐果期：白天 25~28℃，晚上不低于 15℃。

结果期：白天 24~26℃，晚上不低于 10~13℃。

2. 光照

保持覆盖物清洁，白天揭开保温覆盖物，深冬季节日光温室内部张挂反光幕，尽量增加光照强度和时间。春季后期适当遮阳降温。

3. 空气湿度

适宜相对湿度：缓苗期 80%~90%，开花结果期 60%~70%，结果期 50%~60%。生产上通过地膜覆盖，滴灌或暗灌，通风排湿等措施，尽可能把棚内空气湿度控制在最佳指标范围内，春季要注意通风降湿。

4. 二氧化碳

冬春季节增施 CO_2，使设施内 CO_2 浓度达到（$1\,000$~$1\,500$）$\times 10^{-6}$。

5. 肥水管理

采用膜下滴灌或暗灌。定植水一定要浇透。冬春季节不浇明水，土壤相对湿度控制在 60%~70%，根据生育期季节长短和生长情况及时追肥，推荐施肥量见表 2-1（扣除基肥部分），分多次浇水追肥，同时可追施微量元素。

表 2-1　黄瓜施肥量　　　　　单位：kg/亩

肥力等级	目标产量	推荐施肥量		
		纯氮（N）	磷（P_2O_5）	钾（K_2O）
低肥力	3 000~4 200	20	9	15
中等肥力	3 800~4 800	19	6	12
高肥力	4 400~5 400	16	4	11

6. 植株调整

吊蔓： 用尼龙绳吊蔓。

抹须： 在须长约 5cm 时打掉。

摘叶： 摘除老叶、病叶及雄花。

疏果： 摘除畸形果和病果，以保证质量。

7. 及时采收

及时分批采收、减轻植株负担，防止化瓜和产生畸形果，保证产品质量。

六、病虫害防治

1. 主要病虫害

苗床主要病虫害有：猝倒病、立枯病、沤根、蚜虫。

田间主要病虫害有：霜霉病、灰霉病、炭疽病、疫病、细菌性角斑病、蚜虫、白粉虱、茶黄螨、斑潜蝇。

2. 防治原则

按照"预防为主，综合防治"的植保方针，坚持以农业防治、物理防治、生物防治为主，化学防治为辅的无公害化防治原则。

3. 农业防治

选用抗病品种：根据不同季节选用不同品种。

创造适宜的生育条件：培育适龄壮苗，控制好温度、水分、肥料和光照，通过放风，补充 CO_2 等措施，营造适宜的生长环境。

耕作改制：实行轮作。

清洁田园：将残枝败叶和杂草清理干净，集中进行无害化处理，保持田园清洁。

科学施肥：测土配方平衡施肥，增施有机肥，少施化肥，防止土壤板结和盐害化。

设施保护：大型放风设施的放风可用防虫网封闭，进行防病、遮阳、防虫栽培，减轻病虫害的发生。

4. 物理防治

利用黄板诱杀蚜虫、白粉虱，田间悬挂黄色粘虫板或黄色板条（25cm×40cm），其上涂一层机油（每亩30~40块）；中小棚覆盖银灰色地膜驱避蚜虫。

5. 生物防治

利用天敌：积极保护天敌，防治病虫害。

生物药剂：采用微生物农药如枯草芽孢杆菌、多粘类芽孢杆菌、解淀粉芽孢杆菌，植物源农药如苦参碱、印楝素等和生物源农药如中生菌素、宁南霉素、多抗霉素、多杀霉素等防治病虫害。

6. 主要病虫害防治

使用的药剂应符合 NY/T 393—2020《绿色食品　农药使用准则》的要求。

第四节　绿色食品日光温室番茄生产技术规程

一、种子

1. 品种选择

选择抗病、优质、高产、商品性好、耐低温、耐弱光、耐储运、适合市场需求的品种。拒绝使用转基因番茄品种。

2. 种子处理

消毒处理：把种子放入 55℃ 热水中，搅拌至 30℃ 后浸泡 3~4 小时。主要防治叶霉病、溃疡病、早疫病、晚疫病。

3. 浸种催芽

浸种同消毒处理，浸种后将种子放置在 25~28℃ 的条件下催芽，待 60%~70% 的种子出芽即可播种。

二、培育无病虫壮苗

1. 播种前准备

育苗设施：根据季节不同选用温室、大棚、阳畦、温床等育苗设施，为有效防治病虫害，育苗应配有防虫、遮阳设施。

调制营养土：用 1/3 充分腐熟的圈肥，2/3 无病原物熟土，拍细过筛草木灰 5kg。

2. 播种育苗

播种期：冬春茬大棚的适宜播种期为 8 月上旬至 8 月下旬。

播种量：可根据种子大小及定植密度而定，一般每亩栽培面积用种量 20~30g。

播种方法：当催芽种子 70% 以上露白时即可播种。播种前苗床浇足底水，湿润至床土深 10cm。水渗下后用营养土薄撒一层，找平床面，然后均匀地撒播，播后覆营养土 0.8~1.0cm。提倡采用营养钵、育苗盘、纸袋等方法播种育苗。

三、苗期管理

1. 出苗前的管理

白天高温天气要进行遮阳，床温不宜超过 30℃，雨天加盖薄膜防雨。育苗期间不要使夜温过高。播种后出苗前苗床土要保持湿润，不能见干，畦面可覆盖草苫进行保湿。

2. 分苗

在 2~3 片真叶时进行分苗。将幼苗分入事先调制好营养土的分苗床中，行距 12~13cm，株距 12~13cm；也可分入直径 10~12cm 的营养钵中。

3. 分苗后的管理

分苗后缓苗期间，午间应适当遮阳，白天床温 25~30℃，夜间 18~20℃；缓苗后白天 25℃左右，夜间 15~18℃。定植前数天，适当降低床温锻炼秧苗。

4. 苗期防病

苗期发现病虫苗及弱苗应及时拔除。

5. 壮苗标准

4 叶 1 心，株高 15cm 左右，茎粗 0.4cm 左右。

四、定植

1. 定植前准备

整地施肥：施肥应符合 NY/T 394—2021《绿色食品　肥料使用准则》。施肥应坚持以有机肥为主，氮、磷、钾、微肥配合施用。整地时每亩施腐熟的优质有机肥 5 000kg，氮、磷、钾复合肥 50kg，过磷酸钙 100kg，施肥后进行深耕，将地整平。

棚室消毒：采用高温闷棚，即覆盖大棚膜和地膜后进行高温闷棚 5~7 天，杀灭棚内病菌和虫卵。

尼龙网密封防虫：棚室消毒后，在大棚各开口处设防虫网以防止害虫潜入。

2. 定植时间

一般于 9 月下旬至 10 月上旬进行。

3. 定植方法

越冬茬番茄栽培，采取大小行、小高畦方式。即南北向畦，大行距 80~90cm，小行距 60~70cm，先做成平畦，每畦栽两行，株距 30~35cm，每亩定植 2 500~3 000 株。栽苗后，先浇透水，地面干燥后划锄，7~10 天后，将植株覆土形成小高畦并覆盖地膜。

五、田间管理

1. 光照管理

选用透光性好的无滴膜，经常清洁膜面，保持塑料膜洁净。白天揭开保温覆盖物，尽量增加光照强度和时间（阴雨天也要揭盖草苫）。

2. 温度管理

缓苗期：注意覆盖好草苫，白天 28~30℃，晚上不低于

17℃，地温不低于 20℃，以促进缓苗。

开花坐果期：白天 22~26℃，晚上不低于 15℃。

结果盛期：8:00—17:00 22~26℃；17:00—22:00 15~13℃；22:00—次日 8:00 13~8℃。

3. 水分管理

棚内湿度：根据番茄不同生育阶段对湿度的要求和控制病害的需要，最佳空气湿度的调控指标是缓苗期 80%~90%、开花坐果期 60%~70%，结果盛期 50%~60%。生产上要通过地面覆盖、滴灌或暗灌、通风排湿、温度调控等措施，尽量把棚内的空气湿度控制在最佳指标范围内。

浇水：应掌握"三不浇三浇三控"技术，即阴天不浇晴天浇，下午不浇上午浇，明水不浇暗水浇；苗期控制浇水，连阴天控制浇水，低温控制浇水。采用膜下滴灌或暗灌，定植后及时浇水，3~5 天后浇缓苗水。尽量不浇明水，土壤相对湿度保持在 60%~70%。

4. 追肥

定植后不再追肥，至第一花序果似核桃大时，随浇水亩追施尿素 15kg。以后随浇水进行追肥，每浇两次水追一次肥，每亩追施磷酸二铵 15kg。投入的肥料应符合 NY/T 394—2021《绿色食品 肥料使用准则》。

在番茄盛果期要注意施用 CO_2 气肥。时间为晴天 9:00—11:00，适宜浓度为（1 000~1 500）$\times 10^{-6}$。具体方法采用作物秸秆发酵法。

5. 植株调整

及时进行整枝打杈，吊秧绑蔓防倒伏，老叶、黄叶、病叶应及时摘除，改善通风透光条件。一般于 5 月下旬至 6 月上旬拉秧。

6. 保果疏果

保果：在不适宜番茄坐果的季节，使用 CO_2 秸秆气肥技术进行保果。

疏果：为保障产品质量应适当疏果，大果穗品种每穗选留3~4果，中果型品种每穗选留4~6果。

7. 采收

采收所用工具要保持清洁、卫生、无污染。要及时分批采收，减轻植株负担，确保商品果品质，促进后期果实膨大。

六、病虫害防治

1. 防治原则

按照"预防为主，综合防治"的植保方针，坚持以农业防治、物理防治、生物防治为主，化学防治为辅的无害化防治原则。

2. 农业防治

创造适宜的条件，提高植株抗性，减少病虫害的发生。及时摘除病叶、病果，拔除病株，带出地片深埋或销毁。

3. 物理防治

在大棚内运用黄板诱蚜和白粉虱。具体方法是：在棚内悬挂黄色粘虫板或黄色板条，其上涂上一层机油，每亩30~40块。

4. 生物防治

天敌：积极保护并利用天敌，防治病虫害。

5. 主要病虫害防治

投入的农药应符合 NY/T 393—2020《绿色食品　农药使用准则》。

猝倒病、立枯病：通过控制苗床的低温高湿和高温高湿环境减轻病害发生。

灰霉病：采用40%嘧霉胺悬浮剂60~90mL/亩防治。

早疫病：采用80%代森锰锌可湿性粉剂150~180g/亩防治。

晚疫病：采用30%氟吡菌胺·氰霜唑悬浮剂50mL/亩防治。

蚜虫、白粉虱：采用10%溴氰虫酰胺可分散油悬浮剂40~57mL/亩防治。

七、储存

临时储存应放在阴凉、通风、清洁、卫生的条件下，防日晒、雨淋、冻害及有毒物质的污染。特别要防止挤压等损伤。

第五节　绿色食品日光温室辣椒生产技术规程

本标准适用于日光温室内栽培条件下，每亩产量在6 000kg以上的越冬茬辣椒栽培管理技术、病虫害防治技术。

一、产地环境

日光温室辣椒适于在腐殖质多、土层深厚、排水良好的中性和微酸性砂壤土中栽培。

二、育苗

1. 品种选择

日光温室越冬茬辣椒栽培，适宜选择耐寒、耐弱光、抗病、品质好、产量高的品种，目前比较好的品种主要有金诺、园春998、羊角青、羊角黄等。

2. 播种期

越冬茬大棚的适宜播期为8月上中旬。

3. 种子处理

种子需筛选摊晒后，放入60~70℃的热水中不断搅拌，待水温降至 30℃，浸泡 7~8 小时，让种子充分吸足水分后，搓掉种皮上的黏液，用湿纱布包好，放置在 30~32℃ 的环境中催芽，每天用温水淘洗 1 次，一般 6~7 天待 70% 出芽即可播种。

4. 苗床土的配制

用 1/3 的优质腐熟圈肥、2/3 的大田熟土，适量草木灰，再按每立方米床土加 1.5kg 磷酸二铵，并分别掺入多菌灵和辛硫磷 80g，稀释到 500~600 倍液混匀。对预防苗期病虫害的效果明显。

5. 苗畦的建立

越冬茬栽培，播期确定在 8 月上中旬，每亩保苗株数在 2 300~2 500 株。可在棚内、外南北或东西向地面下挖 10cm，建造宽 1.0~1.2m、长根据需要而定的苗畦，畦面平整后，铺上配制好的苗床土，松紧适度，浇透水后，按 10cm×10cm 或 12cm×12cm 切成营养块。

6. 播种

播种前在苗畦周围用 500 倍液多菌灵或 600 倍液的百菌清喷雾防病，然后用筷头在营养块中部扎 1cm 深的孔，把发芽种子播进一粒，覆土 1.0~1.5cm，搭拱棚，盖上棚膜。

7. 苗期管理

播种后保持拱棚内 25~32℃ 的温度和 80% 左右的相对湿度，5~7 天后，能达到出苗整齐一致，幼苗出土后，需逐步降低温度和湿度，温度控制在 22~26℃，湿度掌握在 60%~65%，每隔 10 天左右喷洒一次叶面肥，如磷酸二氢钾，定植前 7~10 天，尽量把温度控制在白天 20℃、夜间 10℃ 左右，不浇水，控制地上生长，促进根系发育，增强幼苗的抗逆性，培育出无病壮苗。

三、定植

1. 棚内清理和消毒

定植前一个月，及时清除所有残留的上茬作物的根、茎、叶，然后把棚内土壤深翻 30~35cm，盖上地膜，棚膜密封，高温闷棚杀菌。

2. 整地、施肥、起垄

把提前腐熟好的鸡粪每亩施 6~8m³，再加入钙镁磷肥 150kg，酒糟 2~3m³，硫酸铜 1kg，硫酸钾 5kg 与土壤充分混合均匀，采用南北方向起垄，垄宽 60~70cm、高 15~20cm。然后把磷酸二铵 30kg 和硫酸钾 20kg 均匀地条施于沟内，用锄将肥与土混合均匀后，将沟扶成垄，原垄变成沟。这种铺施与沟施相结合的施肥方法有利于辣椒根系的正常发育和吸收肥料养分。

3. 定植大棚

越冬茬辣椒的定植大都在 9 月末左右，每垄栽双行，按小行距 45~50cm、株距 40cm 刨穴，然后把苗畦浇透水，选壮苗，连营养块定植穴内，再浇水覆土，两行盖一块地膜，中间空起来，两边压好。人行道铺上麦穰、稻草或玉米秸，并及时浇透水。这样管理方便，可防潮保温，以后浇水施肥都在膜下进行。

四、田间管理

1. 结果前管理

定植后，白天温度控制在 24~26℃，夜温 10~15℃，相对湿度调节到 65% 左右。为防止落花落果，整个生育期每隔 10~15 天，叶面喷洒一次硼砂、硫酸锌、糖醋液，各种叶面肥交替进行，既达到保花保果目的，又起到营养防病的作用。

2. 坐果初期管理

当门椒、对椒都坐住后，可根据土壤墒情进行浇水，整枝、抹杈、打底叶，疏花疏果。一般要求植株长到 60~70cm 高度以后，保留 3~4 个枝杈，每个枝杈保留 2~3 个果，达到商品标准时应及时采摘，以利于上部幼果生长发育。当门椒长到鸡蛋大小

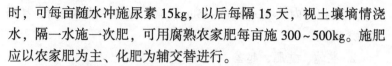

时，可每亩随水冲施尿素 15kg，以后每隔 15 天，视土壤墒情浇水，隔一水施一次肥，可用腐熟农家肥每亩施 300~500kg。施肥应以农家肥为主、化肥为辅交替进行。

3. 中期管理

11 月至翌年 3 月期间的管理，主要是保温、增光，每天及时拉苫，打扫棚面灰尘，增加棚内光照和温度。也可以后墙张挂反光幕，阴雪天有条件的可在棚内安装 100~200W 灯泡，人为增光提温、排湿防病；没条件的可适当晚拉苫、早放苫，白天保持 20~26℃，夜晚 10~15℃，相对湿度调节到 65% 左右，午间超过 28℃时，打开顶部通风降温。越冬期管理还应采用 CO_2 施肥技术，使棚内 CO_2 气体浓度由 300×10^{-6} 左右补充到（$800~1\ 000$）$\times 10^{-6}$，通过补充 CO_2 浓度，达到提高辣椒产量、质量和抗病能力的目的。另外，到盛果期要将上部过密的枝条疏除一部分或摘心（打头），以改善通风透光条件，调节秧果关系，有利于早坐果。

4. 后期管理

4 月以后，气候逐渐转暖，只要天气最低温度不低于 10℃，夜间就不需要拉苫和闭风眼。一般 4 月下旬以后，除在棚面上下昼夜通风外，还需把后墙通风窗打开降温排湿，所有通风口都要用防虫网罩上；为了降温，也可在棚膜上喷涂泥巴、石灰乳，最好是在棚面上采用盖部分草苫或遮阳网覆盖，可减轻病毒病和虫害的发生程度。

五、病虫害防治

1. 主要病虫害

病害有病毒病、疫病、软腐病、炭疽病、枯萎病等；虫害有蚜虫、茶黄螨、棉铃虫等。

2. 防治原则

坚持"提前预防，综合防治"的植保方针，以农业防治、生物防治、物理防治为主，化学防治为辅的无害化防治原则。

3. 农业防治

在加强温、湿度管理的同时，高温天气采用防虫网、遮阳网降温防虫。及时清理田间枯枝病叶，减少病源。

4. 药物防治

疫病：可用60%唑醚·代森联水分散粒剂40~100g/亩喷雾防治。

炭疽病：可用30%苯甲·吡唑酯悬浮剂25mL/亩喷雾防治。

棉铃虫：可用5%氯虫苯甲酰胺悬浮剂60mL/亩喷雾防治。

六、储存

临时储存应在阴凉、通风、清洁、卫生的条件下，防日晒、雨淋、冻害及有毒有害物质的污染。堆码整齐，防止挤压等损伤。

第六节 绿色食品日光温室甜椒生产技术规程

本标准适用于日光温室内栽培条件下，每亩产量在6 000kg以上的越冬茬甜椒栽培管理技术、病虫害防治技术。

一、产地环境

日光温室甜椒适于在腐殖质多、土层深厚、排水良好的中性和微酸性砂壤土中栽培。

二、育苗

1. 品种选择

日光温室越冬茬甜椒栽培，适宜选择耐寒、耐弱光、抗病、品质好、产量高的品种，目前比较好的品种主要有红英达、红丹罗、海神、奥林匹亚、园春8号等。

2. 播种期

越冬茬日光温室栽培的适宜播期为8月上中旬。

3. 种子处理

种子需筛选摊晒后，放入60~70℃的热水中不断搅拌，待水温降至30℃，浸泡7~8小时，让种子充分吸足水分后，搓掉种皮上的黏液，用湿纱布包好，放置在30~32℃的环境中催芽，每天用温水淘洗1次，一般6~7天待70%出芽即可播种。

4. 苗床土的配制

用1/3的优质腐熟圈肥、2/3的大田熟土，适量草木灰，再按每立方米床土加1.5kg磷酸二铵，并分别掺入多菌灵和辛硫磷80g，稀释到500~600倍液混匀。对预防苗期病虫害的效果明显。

5. 苗畦的建立

越冬茬栽培，播期确定在8月上中旬，每亩保苗株数在2 300~2 500株。可在棚内外南北或东西向地面下挖10cm，建造宽1.0~1.2m、长根据需要而定的苗畦，畦面平整后，铺上配制好的苗床土，松紧适度，浇透水后，按10cm×10cm或12cm×12cm切成营养块。

6. 播种

播种前在苗畦周围用500倍液多菌灵或600倍液的百菌清喷雾防病，然后用筷头在营养块中部扎1cm深的孔，把发芽种子播进一粒，覆土1.0~1.5cm，搭拱棚，盖上棚膜。

7. 苗期管理

播种后保持拱棚内 25~32℃ 的温度和 80% 左右的相对湿度，5~7 天后，能达到出苗整齐一致，幼苗出土后，需逐步降低温度和湿度，温度控制在 22~26℃，湿度掌握在 60%~65%，每隔 10 天左右喷洒一次叶面肥，如磷酸二氢钾，定植前 7~10 天，尽量把温度控制在白天 20℃、夜间 10℃ 左右，不浇水，控制地上生长，促进根系发育，增强幼苗的抗逆性，培育出无病壮苗。

三、定植

1. 棚内清理和消毒

定植前一个月，及时清除所有残留的上茬作物的根、茎、叶，然后把棚内土壤深翻 30~35cm，盖上地膜，棚膜密封，高温闷棚杀菌。

2. 整地、施肥、起垄

把提前腐熟好的鸡粪每亩施 6~8m³，再加入钙镁磷肥 150kg，酒糟 2~3m³，硫酸铜 1kg，硫酸钾 5kg 与土壤充分混合均匀，采用南北方向起垄，垄宽 60~70cm、高 15~20cm。然后把磷酸二铵 30kg 和硫酸钾 30kg 均匀地条施于沟内，用锄将肥与土混合均匀后，将沟扶成垄，原垄变成沟。这种铺施与沟施相结合的施肥方法有利于甜椒根系的正常发育和吸收肥料养分。

3. 定植大棚

越冬茬甜椒的定植大都在 9 月末左右，每垄栽双行，按小行距 45~50cm、株距 40cm 刨穴，然后把苗畦浇透水，选壮苗，连营养块定植穴内，再浇水覆土，两行盖一块地膜，中间空起来，两边压好。人行道用麦穰、稻草或玉米秸铺上，并及时浇透水。这样管理方便，又可防潮保温，以后浇水施肥都在膜下进行。

四、田间管理

1. 结果前管理

定植后，白天温度控制在 24~26℃，夜温 10~15℃，相对湿度调节到 65%左右。为防止落花落果，整个生育期每隔 10~15 天，叶面喷洒一次硼砂、硫酸锌、糖醋液，各种叶面肥交替进行，既达到保花保果目的，又起到营养防病的作用。

2. 坐果初期管理

当门椒、对椒都坐住后，可根据土壤墒情进行浇水，整枝、抹杈、打底叶，疏花疏果。一般要求植株长到 60~70cm 高度以后，保留 3~4 个枝杈，每个枝杈保留 2~3 个果，达到商品标准时应及时采摘，以利于上部幼果生长发育。当门椒长到鸡蛋大小时，可每亩随水冲施尿素 15kg，以后每隔 15 天，视土壤墒情浇水，隔一水施一次肥，可用腐熟农家肥每亩施 300~500kg。施肥应以农家肥为主、化肥为辅交替进行，用水冲施。

3. 中期管理

11 月至翌年 3 月期间的管理，主要是保温、增光，每天及时拉苫，打扫棚面灰尘，增加棚内光照和温度。也可以后墙张挂反光幕，阴雪天有条件的可在棚内安装 100~200W 灯泡，人为增光提温、排湿防病；没条件的可适当晚拉苫、早放苫，白天保持 20~26℃，夜晚 10~15℃，相对湿度调节到 65%左右，午间超过 28℃时，打开顶部通风降温。越冬期管理还应采用 CO_2 施肥技术，使棚内 CO_2 气体浓度由 300×10^{-6} 左右补充到（800~1 000）$\times 10^{-6}$，通过补充 CO_2 浓度，达到提高甜椒产量、质量和抗病能力的目的。另外，到盛果期要将上部过密的枝条疏除一部分或摘心（打头），以改善通风透光条件，调节秧果关系，有利于早坐果。

4. 后期管理

4 月以后，气候逐渐转暖，只要天气最低温度不低于 10℃，夜间就不需要拉苫和闭风眼。一般 4 月下旬以后，除在棚面上下昼夜通风外，还需把后墙通风窗打开降温排湿，所有通风口都要用防虫网罩上；为了降温，也可在棚膜上喷涂泥巴、石灰乳，最好是在棚面上采用盖部分草苫或遮阳网覆盖，可减轻病毒病和虫害的发生。

五、病虫害防治

1. 主要病虫害

病害有病毒病、疫病、软腐病、炭疽病、枯萎病等；虫害有蚜虫、茶黄螨和棉铃虫等。

2. 防治原则

坚持"提前预防，综合防治"的植保方针，以农业防治、生物防治、物理防治为主，化学防治为辅的无害化防治原则。

3. 农业防治

在加强温、湿度管理的同时，高温天气采用防虫网、遮阳网降温防虫。及时清理田间枯枝病叶，减少病源。

4. 药物防治

药剂参考辣椒用药。

六、储存

临时储存应在阴凉、通风、清洁、卫生的条件下，防日晒、雨淋、冻害及有毒有害物质的污染。堆码整齐，防止挤压等损伤。

第七节　绿色食品露地芹菜生产技术规程

一、产地环境

无公害芹菜适宜于生长在富含有机质、保水保肥能力强、排水条件好的地块，其产地环境质量应符合 NY/T 391—2021《绿色食品　产地环境质量》。

二、种子育苗

1. 种子选择

品种选择就选用优良抗病品种玻璃脆芹菜、美国西芹及鲍芹等地方优良品种。

禁止使用转基因种子。

2. 育苗

（1）种子处理。将芹菜种子在 48~49℃ 恒温水中浸泡 30 分钟后，投入凉水中冷却，然后催芽播种，可预防斑枯病、叶斑病。

（2）育苗床及土壤消毒。利用夏季 6—7 月天气晴朗的高温天气，将地面耕翻后用地膜全覆盖闷晒 2~3 天，可有效地杀死土壤中的多种病害。

（3）播种。种子露白时进行播种。一般育苗床每亩用种量 1.0~1.5kg，可移栽 10 亩地块。为防止高温和雨淋，育苗畦内要插小拱使用遮阳网覆盖。

（4）苗期管理。

遮阴：播后覆土，在畦面上覆盖遮阳网或草帘等物，以利于幼苗出土。当幼苗出土后，傍晚时应及时撤除遮阳物。也可将芹菜种与小白菜种混播，待芹菜出苗后及时将小白菜拔除。

水分管理：出苗后一般每隔 1~2 天浇一小水，以保持畦面湿润，如幼苗期遇雨畦内积水，要及时排出。

温度：芹菜苗期温度应控制在 15~20℃，温度超过 25℃会使生长受阻，品质下降。

间苗：为培育壮苗，防止徒长，出齐苗后要及时间苗，苗距1.5cm；苗长至 5~7cm 时进行第二次间苗，苗距 3cm。

三、定植

1. 施足基肥

（1）施肥量：对芹菜施肥应采用平衡施肥法，一般每生产1 000kg 芹菜需吸收纯 N 2kg、P_2O_5 0.93kg、K_2O 3.88kg。为此，芹菜定植前每亩施用腐熟的优质圈肥 4 000kg，在施用有机肥的基础上施用氮磷钾复合肥（15-15-15）20kg。

（2）投入的肥料要符合 NY/T 394—2021《绿色食品　肥料使用准则》。

2. 整地作畦

芹菜定植前要深翻整地，耙平作畦，按上述要求施足基肥，畦宽 1.5m，畦长 20m。

3. 壮苗标准

苗龄 40~50 天，苗高 12~15cm，真叶 4~6 片，无病虫为害。达到此标准，即可进行定植。

4. 定植方法

定植宜在 15: 00—16: 00 或阴天时进行，采用开沟移栽法。本芹的定植株行距为 12cm×15cm，每穴 2 株（2 株要间隔一定距离）；西芹的定植行距为 25cm，株距可针对单株重的不同要求，在 13~20cm 范围内确定，单株栽植。露地早春芹菜定植时要采用地膜覆盖，一般先覆地膜，后开穴定植。

四、田间管理

1. 缓苗前后管理

芹菜定植后 15 天内处于缓苗期，一般应每隔 2~3 天浇一次水，保持畦面湿润，降低地温，促进缓苗。缓苗后开始缓慢生长时应适当控制浇水，及时中耕除草，并进行 5~7 天的蹲苗。

2. 芹菜旺盛生长期

在管理上应充分供应水肥，一般追肥 2~3 次。第一次在蹲苗结束后，每亩冲施腐熟的人粪尿 1 000kg，以后每隔 15 天冲施尿素 5kg，收获前 30 天停止追肥。浇水的原则一般掌握 3~4 天一次，后期 5~6 天一次，收获前 5~7 天停止浇水。

五、采收

1. 采收期

芹菜采收期一般根据品种的生育期长短和气候条件而定。早春栽培的芹菜收获期一般在 5 月左右，秋芹菜收获期在冬至到小雪。

2. 采收标准

在正常气候允许情况下，芹菜达到各品种的高度、单株重指标的 90% 以上，叶柄数量达到本品种指标，外部叶柄叶片不变黄、叶柄脆、生食有清爽味甜、纤维少时为适宜收获期。

六、病虫害防治

1. 主要病虫害

病害主要有叶斑病（早疫）、斑枯病（晚疫）、病毒病、根结线虫病、菌核病等，害虫主要有蚜虫、美洲斑潜蝇等。

2. 防治原则

坚持"预防为主，综合防治"的植保方针，以农业防治、物理防治、生物防治为主，化学防治为辅的无公害防治原则。

3. 化学药剂防治

投入的农药要符合 NY/T 393—2020《绿色食品　农药使用准则》。

斑枯病、叶斑病：在发病初期，露地可用 10%苯醚甲环唑水分散粒剂 45~80g/亩。

蚜虫：用 25%噻虫嗪水分散粒剂 8g/亩，兼治白粉虱。

七、储存

临时储存应在阴凉、通风、清洁、卫生的条件下，防日晒、雨淋、冻害及有毒有害物质的污染。堆码整齐，防止挤压等损伤。

长期储存可将芹菜放在恒温库或地窖中进行。

第八节　绿色食品浅水藕生产技术规程

一、立地环境

浅水藕产地环境质量应符合 NY/T 391—2021《绿色食品产地环境质量》的规定。

二、品种选择

选择适合于浅水栽培，肉质脆嫩鲜白，藕丝少而且细，纤维少、产量高、品质好的白莲特、鲁莲三号等莲藕品种。

禁止使用转基因种子。

三、播前准备

1. 种植方式

浅水藕栽植分新开藕田和连作藕田两种。

2. 整地与施肥

新开藕田应先翻耕并筑固田埂。在栽植前半月施入基肥，及时耙平；栽藕前一日再耙一次，使田土成为泥泞状态，土面整平。施肥要求每亩施优质腐熟圈肥 3 500kg、鸡粪 400kg、豆粕 400kg。连作藕田在清除田内残存物后并在栽前半个月结合施基肥进行处理，一般每亩施石灰 150kg，深井水灌溉，浸泡 15 天以上，达到无害化，并使有机肥充分腐熟。

四、种藕选择及消毒处理

1. 种藕的选择

种藕要选择芽健壮无伤痕，有 2~3 节，重约 0.5kg 以上的新藕，也可用子藕作种。

2. 种藕的保护

种藕于临栽前起挖，不要损伤顶芽。于种藕的节间处切断，切忌用手掰，以防泥水灌入藕孔而引起烂种。

3. 种藕的消毒

栽植前每亩种藕用 50% 多菌灵可湿性粉剂 50g 兑水稀释喷药液，闷种 24 小时，待药液干后栽植，可防止苗期病害的发生。

五、栽植

1. 栽植时间

正常年份栽植时间一般在 4 月下旬，池内水温保持在 5℃ 以上时进行。

2. 栽植方式

藕头呈交叉状排列，即第一株藕头向左，第二株藕头向右，使其均匀分布，藕池边的一行，藕头朝向池里，减少回藕。

3. 栽植密度

一般株距 0.8~1.2mm，行距 2m。每亩用种藕约 250kg。

4. 栽植方法

播种时，先用手扒开一斜沟，深 13~15cm，将种藕藕头朝下倾斜，按其原有的生长方向斜埋入泥中，藕尾翘于水面，以利于提高土温、促进萌芽。在栽藕时，田间水位不可过深，保持在 5~10cm。栽植后，经常检查，如有种藕浮起时，及时栽植好。

六、藕田管理

1. 幼苗生长期

从播种到第一片立叶出水，要及时清除水草，以增加透光性，充分利用光能，提高地温与水温。田间水位不可过高，一般应保持在 5~10cm。第一片立叶出水后，要及时进行追肥，一般每亩施过磷酸钙 30kg，同时自第一片立叶出水后要坚持每半月用喷雾器向植株喷水一次，直至藕叶长满藕池。

2. 茎叶旺盛生长期

这一时期主要是立叶生长、莲鞭伸长，为坐藕打基础。

水分管理：此时田间水位应保持在 25~30cm。需灌水时可选在晴天的午后进行，一次灌水量不可过大，应当少灌、勤灌。

施肥：后把叶出现以后要及时追肥，每亩施尿素 30kg。追肥前要先放浅田水，以便充分发挥肥效。还要作好"摸地""回藕"等工作。

"摸地"即用手对水底的泥进行耧划，可以起到松土、除草、维持水面清洁的作用，每半月一次，至荷叶长满藕池为止。

除掉的杂草可埋入泥中作绿肥，特别要注意操作时不要弄断莲鞭，不要碰伤莲叶。定植一个月以后，及时摘去枯萎浮叶，使阳光透入水中，提高土温。当有 5～6 片立叶时，荷叶生长茂盛，已经封行，地下旱藕开始坐藕，不宜再下田除草。以采藕为主的藕田，因开花结蓬消耗养分，如有花蕾产生，应将花梗曲折，但不可折断，以免雨水由通气孔侵入引起腐烂。

"回藕"就是把即将伸出池外的莲鞭转回来，使其向规定的方向生长。为更好地利用地力，还要把立叶多的地方的莲鞭转向少的地方。回藕一般于午后进行。生长前期每 5 天回藕一次，进入生长盛期每 2～3 天回藕一次。回藕之后在池边的荷叶上做标记。等荷叶长满藕池时，将立叶下面的浮叶摘除，节约养分，促进结藕。

3. 坐藕期

后把叶出现之后即开始坐藕，保持田间水位 15～20cm 以利坐藕。

七、病虫害防治

1. 防治原则

按照"预防为主，综合防治"的植保方针，坚持以农业防治、物理防治、生物防治为主，化学防治为辅的无害化防治原则。

使用的农药应符合 NY/T 393—2020《绿色食品　农药使用准则》的规定。

2. 防治方法

病害：藕田的病害较少，常见的是莲藕腐败病。本病主要为害地下茎部，但地上部叶片及叶柄亦发生症状，病茎仅在发病部位纵皱，病茎抽生的叶片色泽淡绿，该病系土壤镰孢菌引起，可在播前每亩施石灰150kg，能有效防治腐败病。

虫害：主要有蚜虫和斜纹夜蛾。

蚜虫主要为害莲藕水上部分的叶柄和叶片背面，严重时会造成叶片皱缩变黄，影响生长，每亩用50%吡蚜酮可湿性粉剂9g兑水稀释喷雾防治。

斜纹夜蛾用100亿孢子/mL短稳杆菌悬浮剂300mL喷雾防治。

用药注意安全间隔期。

八、采收

1. 摘荷叶

当藕成熟达到采收标准时，在挖藕当天清早摘去一部分叶，晒干作为包装材料。一般每亩可产干荷叶60kg。

2. 挖藕

白莲藕的供应期长，从小暑到第二年清明都可采收。浅水藕立秋前采收嫩藕，叶片枯黄后挖老藕，在挖前10天左右，先排水，后挖藕。藕挖出后，一般不耐储藏，冬天可储一个月，早秋和晚春仅可储藏10~15天，储藏时要求藕已老熟，藕节完整，藕身带泥、无损、不断，储藏或运输时不可堆放太厚太紧，其上薄盖荷叶及小草，经常洒水，保持凉爽湿润，避免受闷发热霉烂。

第九节　绿色食品日光温室西葫芦生产技术规程

一、产地条件

要求土壤排水良好、土层深厚肥沃、疏松的沙质壤土，有机质含量在2%以上，土壤pH值在7左右。

产地环境条件符合 NY/T 391 要求。

二、品种选择

选择纤手、碧玉等抗病、高产、抗逆性强、商品性好、耐低温、耐弱光，又适合当地种植习惯和市场需求的品种。

三、育苗

1. 种子处理

先用 30% 的盐水浸泡种子，除去浮在水面上不饱满的种子，此后用清水反复搓洗，除去表面上的黏液，以利发芽整齐一致。再浸种 30 分钟，晾干后用湿纱布包好，置于 28~30℃ 下催芽，经 1~2 天后即可出芽。

2. 苗床准备

先取肥沃园土 6 份，优质有机肥 4 份，充分混合均匀后，将营养土装入营养钵，排在苗床上。

3. 播种

越冬茬西葫芦播种期为 10 月上旬。每亩用种 300g 左右，播后覆盖 2cm 营养土，再盖上地膜，搭上拱棚升温。

4. 苗床管理

出苗前，保持白天气温 28~30℃，夜间 18~20℃。经 3~5 天出苗后，须立即去掉地膜降温，保持白天气温 20~25℃，夜间 10~15℃。出苗前一般不浇水。栽苗前一周，需降温炼苗，以提高其抗性。

四、定植

1. 整地施肥

先将温室内前茬作物的根、茎、叶全部清除干净，提前 2~3 个月翻地，利用夏季高温晒垡，杀死土壤中的病菌。10 月下旬按每亩施入腐熟圈肥 8 000kg，腐熟饼肥 200kg，磷酸二铵 15kg，混匀，按行距 60cm 宽起垄。

2. 定植时间

一般于 11 月上旬秧苗三叶一心时定植。

3. 定植方法

在畦内按株距 50cm 刨好坑，将苗放入坑内，然后浇水封埯，盖上地膜，在苗伸展的地膜处，剪个 10cm 十字口将苗掏出。每亩栽 2 200 株左右。

五、田间管理

1. 温湿度管理

日光温室西葫芦栽培要求叶面不结露或结露时间不超过 2 小时，可减轻多种病害的发生。上午日出后使温室温度控制在 25~30℃，最高不超过 33℃，湿度在 75% 左右；下午使温室温度降至 20~25℃，湿度在 70% 左右；傍晚闭棚，夜间至清晨最低温度可降至 11~12℃。如气温达到 13℃ 以上可整夜通风，以降低温室内湿度。2 月中旬以后，西葫芦处于采瓜中后期，随温度的升高和光照的增强，应注意做好通风降温工作，灵活掌握通风口的大小和通风时间的长短。进入 4 月下旬以后，要利用天窗、后窗及前立窗进行大通风，使温室温度不高于 30℃。

2. 水肥管理

植株开花结果前，应少浇水或不浇水，以利坐果。12 月上旬，待根瓜坐住果后，再开始浇水，并尽量减少浇水次数，浇时选晴天上午进行膜下浇水，并随水每亩冲施硫酸钾 10kg。严冬一般不再浇水施肥。翌年 3 月上旬结合浇水追肥 1 次，每亩追施尿素 5kg、硫酸钾 15kg；3 月中旬结合浇水追肥 1 次，每亩追施磷酸二铵 10kg；4 月初结合浇水追肥 1 次，每亩追施尿素 5kg、硫酸钾 15kg。

3. CO_2 施肥

可用安装 CO_2 施肥器或埋施 CO_2 颗粒肥的方法补充 CO_2 气肥，使温室内 CO_2 浓度达到（1 000~1 500）×10⁻⁶。

4. 植株调整

西葫芦以主蔓结瓜为主，一般在长出 7~8 片叶时吊蔓。管理中应尽早抹杈，降低养分消耗。后期应保留 1~2 个侧蔓，待侧蔓开花结果后，再及时剪去主蔓，以增加通风透光，有利于多坐瓜。

5. 保花保果

一般采用人工授粉，即在花朵开放的当天 8:00 左右，摘下雄花，去掉花瓣，将花粉轻轻抹在雌花柱头上，一般一朵雄花可抹 2~3 朵雌花，可显著提高坐果率。

6. 延长结果期

植株未开花前，应适当缩短日照时间，每天见光保持在 6~8 小时即可，以利于雌花的分化和及早形成，并能保证产量和质量。开始结果后，加强肥水管理，既能早结瓜，又能防早衰，还可延长结瓜期。

六、病虫害防治

1. 病虫害种类

病害主要有白粉病、霜霉病、灰霉病等，害虫主要有蚜虫、白粉虱等。

2. 防治原则

"预防为主，综合防治"，优先采用农业防治、物理防治、生物防治，配合科学合理地使用化学防治，达到安全生产优质绿色食品西葫芦的目的。

3. 农业防治

清理田园，及时去除大棚内残枝败叶，带出温室外烧毁或深埋，注意铲除周围田边杂草，以减少病菌和害虫的侵染源。

采用高畦栽培并覆盖地膜，冬季采用微滴灌或膜下暗灌技术，棚膜采用消雾型无滴膜，加强温室室内温湿度调控，适时通风，适当控制浇水。浇水后要及时排湿，以控制病害发生。

及时吊蔓，发现病叶、病瓜和老黄叶应及时摘除，带出温室外深埋。

4. 生物防治

可释放丽蚜小蜂控制白粉虱。

5. 物理防治

覆盖银灰色地膜驱避蚜虫。

设置黄板诱杀蚜虫、白粉虱：用100cm×20cm的黄板按30~40块/亩的密度，挂在株行间，高出植株顶部，一般7~10天重涂一次机油。

6. 化学防治

白粉病：36%甲基硫菌灵悬浮剂400~1 000倍液，或用蛇床子素水乳剂250mL/亩喷雾。

霜霉病：1.5%苦参碱可溶液剂40mL/亩或500g/L嘧菌酯悬浮剂25mL/亩喷雾。

灰霉病：36%甲基硫菌灵悬浮剂600倍液喷雾。

蚜虫、白粉虱：用1.5%苦参碱可溶液剂40mL/亩防治蚜虫或4.5%高效氯氰菊酯乳油15~40mL/亩喷雾，兼治白粉虱。

七、采收与储运

1. 及时采收

西葫芦产品达200g以上时，及时采收，减轻植株负担。

2. 产品要求

形态完整，表面清洁，无擦伤，开裂，无农药等污染，无病虫害疤痕。

3. 运输与储藏

运输器具清洁、卫生、无污染，运输时防雨、防晒，注意通风散热；运输适宜温度 5~7℃，空气相对湿度 85%~95%。

储藏温度 6~10℃，空气相对湿度 85%~90%，库内堆放应气流均匀畅通，储藏期 10~15 天。

第十节 绿色食品大白菜生产技术规程

一、产地条件

要求土层肥沃深厚，沙质疏松且排水条件良好，有机质含量在 2% 以上，土壤 pH 值在 7 左右。

二、品种选择及种子处理

品种要求适合当地环境条件，品质好、高产、抗逆性强、商品性好并适合当地种植习惯。

种子要饱满、表面有光泽，先用清水淘洗去掉杂质及不饱满的劣种，晾干备用。

三、育苗及播种

1. 整地

直播田一般采用高垄栽培，育苗移栽一般作畦栽培。整地前每亩施用优质有机肥 3 000kg，均匀撒于地面，随耕刨翻入地下，然后起垄或作畦。

2. 直播时间

一般在 8 月 4—8 日为宜，可采用穴播（根据品种要求密度开穴）或条播，播后盖湿土 0.5~1.0cm。

3. 育苗选地

选择肥沃、有水浇条件的地块，先浇一遍水，然后将处理过的种子均匀撒于畦面，盖 0.5~1.0cm 浮土。育苗时间要比直播提前 3~5 天。

4. 间苗定植

直播栽培出苗后分 2~3 次间苗，7~8 片叶时定棵，如有缺苗应及时补栽。

5. 大田移栽

大田移栽要根据品种栽培密度调整好株行距，开穴移栽，要选择健壮、大小一致的种苗，尽量多带母土，每穴浇水 1.0~1.5kg，待水渗下后封穴。

四、田间管理

1. 中耕除草

定苗后要及时中耕除草，封垄前进行最后一次中耕，中耕时要注意"前浅后深"以避免伤根。

2. 浇水

定棵和补栽后浇水，促进缓苗；莲座初期浇水，促进发棵；莲座中期结合施肥浇水一次；进入结球期应保持土壤湿润（不干不湿）；后期要适当控水，促进包心。

3. 施肥

根据土壤肥力和大白菜生长状况可在莲座中期和接球中期分期追施，比较肥沃的地块在莲座中期追肥一次即可。

此外，还可以使用根外追肥技术，通过叶面喷施补充营养。

选用肥料要符合 NY/T 394—2021《绿色食品　肥料使用准则》的规定。整地前，用腐熟土杂肥每亩 3 000kg，将肥料整细后，均匀撒于地面。9 月 10 日前后，用追施的方法，施用肥中王（河北利民化工），每亩用肥 25kg。

4. 病虫害防治

大白菜病害主要有白菜病毒病、软腐病、霜霉病，虫害主要有菜青虫、蚜虫。采用"预防为主，综合防治"的原则，优先利用农业防治、生物防治，配以合理使用化学防治，从而达到安全生产优质绿色食品大白菜的目的。

（1）农业防治。清理田园，整地前和收获后要及时清理地内的残枝落叶，带出地外烧毁或深埋，田内、田外周边的杂草要及时清除，以减少病菌和虫源。

（2）化学防治。

菜青虫：用 4.5%高效氯氰菊酯水乳剂 50mL/亩，喷雾防治 1 次。

病毒病：主要发生在大白菜种植初期，要以防虫为主。

软腐病：用 20%噻唑锌悬浮剂，每亩用药 20g，喷雾防治。

霜霉病：用 40%三乙膦酸铝可湿性粉剂 400g/亩，或用 687.5g/L 氟菌·霜霉威悬浮剂 70mL/亩，喷雾防治。

菜蚜：用 10%吡虫啉可湿性粉剂，每亩用药 20g，或用 15%啶虫脒乳油 10mL/亩，喷雾防治。

五、采收

秋季大白菜一般在小雪前后收获，可根据品种特性以及天气情况决定。

1. 产品筛选

大白菜 A 级绿色食品，要求形态完整，表面清洁，无擦伤，无病斑，无虫口，无开裂，无农药等污染。

2. 质检

初选合格产品按生产者、产地的不同，随机选取 3% 的产品进行定量检测，选取达到绿色食品标准产品。

3. 标识

获得绿色食品标识使用许可的大白菜，可以使用绿色食品标志。

4. 运输与储藏

运输器具清洁、卫生、无污染，运输时防雨、防晒，注意通风散热。储藏温度 1~6℃，空气相对湿度 70%~80%，库内堆放应气流均匀畅通。

第三章 食用菌及中药材栽培

第一节 设施菜田填闲栽培食用菌技术

一、技术要点

（一）食用菌栽培时间与种类

蔬菜收获后马上进行田园清洁和土壤消毒处理，然后栽培食用菌，根据日光温室的茬口安排，一般为在6月开始，8月底前结束。可于设施农田休闲期栽培的食用菌主要包括草菇、灵芝、金福菇、长根菇等耐高温食用菌。

（二）茬口安排

设施菜田填闲栽培食用菌的氮磷低排放绿色生产技术对于蔬菜茬口无特殊要求，基本要求是设施中夏季的休闲期为2个月以上，根据设施土壤的酸碱性选择填闲栽培的食用菌种类，可选择填闲栽培的食用菌要求为耐高温食用菌。填闲栽培后形成的轮作模式较多，如辣椒-草菇-莴苣-辣椒、黄瓜-草菇-黄瓜、草莓-灵芝-草莓、番茄-金福菇-番茄、西葫芦-长根菇-西葫芦、辣椒-草菇-莴苣-辣椒等。

（三）食用菌栽培管理方法

设施菜田填闲栽培食用菌氮磷减排技术中，食用菌栽培方法主要有两种，分别为秸秆基质发酵料栽培和秸秆基质熟料栽培，具体栽培方法概述如下。

1. 草菇秸秆基质发酵料栽培

（1）时间：栽培时间为 6 月，出菇时间为 7 月上旬至 8 月上旬。

（2）培养料配方。

配方 1：玉米芯 95%、麸皮 5%，pH 值：9~10；

配方 2：杏鲍菇菌渣 100%，pH 值：9~10；

配方 3：金针菇菌渣 100%，pH 值：9~10。

（3）整地作畦：与菜畦等宽等长，从菜畦面下挖深度为 15~20cm，挖出的土壤留到畦的两边备用。

（4）建堆发酵：把原料分别用搅拌机搅拌均匀，测定培养料含水量，然后建成宽 1.5~2.0m、高 0.8~1.0m 的料堆，料堆不宜太高。用直径为 10cm 的木棍对料堆进行打孔，每隔 30cm 打一个。当距料面 20cm 处的温度达到 60~70℃时进行翻堆，反复 3 次，每次持续 6~8 小时，调 pH 值为 9~10，料含水量保持在 65%~70%。发酵好的玉米秆由白色或浅黄色变成咖啡色，菌渣培养料松软有弹性，伴有香味即为发酵结束。至料面温度降到 40℃ 以下时，即可播种。

（5）播种及出菇管理：播种采用撒播，播种量为 1kg/m²，铺料厚度可控制在 30~50cm，料面不需要平整，应呈高低起伏状。发菌阶段控制培养料温度在 30~36℃，空气相对湿度 80%~90%为宜。菌丝长满后喷洒出菇水。在子实体的生长发育阶段，最适温度为 30~32℃，培养料的含水量为 65%~70%，空气相对湿度保持在 90%~95%，每天早晚通风 4~6 次，每次 30 分钟。

（6）采收：当子实体生长至五六分熟时（蛋形期至伸长期）即可采摘。

2. 灵芝、金福菇、长根菇秸秆基质熟料栽培

（1）时间：栽培时间为 6 月，出菇时间为 7 月上旬至 8 月

上旬。

（2）培养料配方：菌渣 50%、玉米芯 30%、木屑 18%、石膏 2%。

（3）菌包制备：工厂化自动打包，每袋干料 1kg。

（4）发菌条件：灵芝温度控制在 25~28℃，空气相对湿度控制在 80%~90%；金福菇温度控制在 28~30℃，空气相对湿度控制在 50%~60%；长根菇温度控制在 23~25℃，空气相对湿度控制在 60%~70%。

（5）脱袋覆土：当菌丝长满菌袋，进行脱袋覆土。菌袋表面盖上 3~4cm 厚的菜园土，土壤湿度为 60% 左右。菌袋之间用脱袋后的栽培料以及土壤填充。

（6）出菇管理：出菇温度控制在 25~28℃，环境湿度控制在 85%~90%。

（7）采收：当灵芝菌盖已充分展开，边缘的浅白色或淡黄色基本消失，菌盖开始革质化，呈现棕色，开始弹射孢子时，应及时采收；金福菇的子实体七八分成熟后要及时采收；长根菇采收以长度为依据，采收长度为 4~7cm。

（四）菌渣处理方法

食用菌生产结束后，分拣出菌袋和纤维绳，用小型翻耕机或人工将菌渣翻入土壤，翻耕深度为 30~50cm。

（五）蔬菜栽培管理方法

根据种植需要，在菌渣翻耕入土平整土地后，进行下茬作物的定植栽培。蔬菜管理按常规生产管理方法。

二、注意事项

因为草菇栽培需要高碱性基料和高碱性覆土发菌出菇，填闲栽培草菇适用于偏酸性土壤（pH 值<6.3）的设施中，栽培草菇

后可中和土壤酸性，不影响蔬菜生长；土壤 pH 值>6.3 的设施中不宜栽培草菇，可选择栽培其他食用菌。草菇菌料处理要求在棚内进行，勿采用在设施外生石灰水浸泡碱化的方法，避免污染。

第二节 林下大球盖菇轻简化栽培技术

一、技术要点

1. 林地选择和整理

（1）选择：林地郁闭度为 0.3~0.6，排灌便利，通风良好，近水源或可以打井，腐殖质丰厚。

（2）整理：林地四周开排水沟，沟深 10~15cm，沟宽 20~40cm，便于排水；清理林地内枝条和腐殖质，露出地面；地面撒生石灰，50~100g/m²，用于消除病菌和虫害；林地四周用铁丝网或林地内枝条编织成栅栏圈围起来，网孔上大 [（50~75）mm×（50~150）mm] 下小 [（10~25）mm×（10~25）mm] 或栅栏上疏下密，下小（密）防止林地内啮齿类动物咬食菇蕾，不利于出菇，上大（疏）有利于通风和管理。

2. 原料处理

原料组成为玉米秸秆、生石灰，其中秸秆比例为99%、生石灰1%，加水至含水量 60%~70%；直接混合作为栽培料，不需要进行发酵处理，即实现生料栽培和秸秆资源化。

3. 作畦接种

畦床 1~1.3m 宽，长度顺林地坡向至栽培边界，畦床两边开排水沟，深 10~15cm，宽 20~40cm，且与畦床垂直方向林地四周排水沟相通。为避免生料栽培过程出现烧苗现象，畦床采用矮畦床三层二菌的方式作畦接种，同时与北方林地气温相配套。常规畦床高 25~30cm，采用 10（第一层物料厚度）+10（第二层物料厚度）+8（第三层物料厚度）+2（覆土厚度）的方式，本方法矮化畦床总高度至 18~23cm，降低物料层厚度，则菌丝发热量降低，同时畦床的散热效果好，再加上北方林间气温和地温低下，即采用畦床矮化和林间低温的种植模式，可实现烧苗现象的避免和栽培的成功。播种的方式采用固体菌种层播，接种量为 500~1 000g/m²，每层接种后加入物料，用木板轻压，最后覆土，覆土含水量 50%~60%，使畦床呈龟背形，利于排水，最后覆盖稻草或松针，用于保湿。

4. 发菌管理

一方面是温度控制。大球盖菇菌丝生长温度为 20~30℃，最适温度 23~25℃。生料栽培过程中培养料发酵温度上升，加之与林间低温（10~13℃）进行热交换，培养料内温度一般为 20~27℃，当温度高于 27℃时，在畦床上用直径 2~5cm 的木棒打孔，深度为穿透畦床高度，数量为每米 1~3 孔，排列方式为 "S"形，数量依据温度而定，温度为 30℃以上时，数量为每米 3 孔。另一方面是湿度控制，采用喷灌方式，覆土湿度 50%~60%，同时具有降温作用。当料内温度低于 10℃时，覆盖薄膜保温。

5. 出菇管理

播种 40~50 天后开始出菇。一是温度控制在 10~25℃，低于 4℃或高于 30℃不出菇；二是湿度管理，秸秆覆盖物湿度在 60%~75%；三是为防止菇蕾被雨水打坏或者防止雨水过大造成培养料腐烂，应及时覆膜保护，雨水过后将薄膜去除。

6. 采收

以子实体尚未开伞时进行采收，采收时注意避免松动周围的菇蕾，采收后的洞口用土补平并去除残菇。

二、注意事项

技术推广应用过程中需特别注意以下环节。

1. 栽培季节安排

大球盖菇的播种季节依据林地温度条件可分为春季和秋季，秋季播种期在8月末或9月中旬，10—11月开始出菇，在北方地区在上冻前出1~2茬菇，越冬后次年春天起再出3茬菇；春季播种期在4月末或5月中旬，6—7月大量出菇。

2. 玉米秸秆原料选择

选取无霉变、无腐烂的原料。

3. 畦床温度控制

温度低于35℃。

第三节　菇棚食用菌周年生产技术

一、技术要点

1. 菇房建设

选择水源方便（水质达到饮用水标准）、供电稳定、场地开阔、无污染源的地方建棚。棚体采用钢架结构，菇棚长30m，宽7m，高3.8m，内部设置栽培架，床架中间5层，两侧4层，层距50cm，层宽1.2m。一个菇棚栽培面积约500m²。棚顶呈弧形，外加两层HDPE（高密度聚乙烯）塑料，中间加20cm玻璃纤维棉保温。采用标准冷库专用保温门或10cm厚彩钢结构保温门。

2. 设施设备

（1）控温、通风设施。采用地源热泵空调集中制冷或制热，制冷量45kW/栋、制热量50kW/栋，配备温度自动控制设备。空调末端风机每小时风量 5 000~6 000m³，长 30m 聚乙烯风道送风制冷。

（2）通风设施。每个菇房安装 4 台换气扇，进二出二，排气扇每小时换气量 700m³。

3. 管理技术要点

（1）品种选择。选择优质、高产、生长周期短、菇潮集中的品种。

（2）栽培配方。以麦草为主的高产配方：麦草 53%、鸡粪 45%、石膏粉 1%、过磷酸钙 0.5%、石灰 0.5%；以稻草为主的高产配方：稻草 50%、牛粪 37%、饼肥 8%、生石灰粉 2%、硫酸钙 2%、轻质碳酸钙 1%。

（3）建堆和翻堆。在建堆之前，先对秸秆进行预湿，使秸秆含水量在 72% 左右，将浸湿的秸秆与粪肥混合堆成大堆，保持 2 天。2 天后将各种原料混合均匀，利用翻堆机把料堆建成宽 1.8m，高 1.6~1.8m，长度不限的长方形堆，并每隔 2~4 天翻堆一次，前发酵共 12~16 天。

（4）隧道后发酵。将前发酵结束的料利用铲车和抛料机均匀地输送进二次发酵隧道，打开风机进行内循环，当室温接近 58℃，堆肥温度接近 58~62℃，关闭风机，保持此温度 8~10 小时（注意不能使料温超过 65℃）。打开风机在 8 小时内料温降到 55℃，然后每天降低 1.5~2.0℃，当培养料的温度达到 48~52℃时，保持直到氨气浓度在 $5×10^{-6}$ 以下，二次发酵结束。时间 5~7 天。

（5）上床播种。进床前先把菇棚消毒一遍，将培养料均匀地铺在床面上，每平方米使用优质麦粒菌种 1.5 ~ 2.0 瓶（750mL/瓶）。4/5 播在培养料里，整平床面，其余的 1/5 均匀地撒在表面，盖上薄膜，地面清理干净。保持室温在 20~25℃。

（6）发菌管理。把料温控制在 24～27℃，相对湿度保持在90%左右，要根据温度调节空调循环量；14～20 天菌丝发满培养料。

（7）覆土管理。覆土前 10 天把草炭土与普通黏壤土按 1∶3 的比例混合，并将覆土材料在阳光下暴晒，过筛，用石灰调节 pH 值至 7.5～8.0。上土前对工具进行消毒，把土均匀地覆到床面上，厚度 4cm 左右。上土完毕，床温维持在 24～27℃，湿度85%～90%，4～7 天调节一次水分，10～12 天菌丝长满覆土。

（8）出菇阶段管理。在 48 小时内将空间温度降到 18℃左右，料温 20℃左右，相对湿度 90%～92%，CO_2 浓度（800～1 200）×10^{-6}。适时根据覆土含水量喷结菇水，一般根据土层含水量每平方米喷水 1～3L。根据外界温度和 CO_2 浓度调整新鲜空气量和循环量。保持上述环境直到菇蕾形成，出菇后把空气湿度降到 80%～85%。采收结束清理床面。一般一潮菇采收 5～7 天，2 个月共采收 5 潮菇，结束后清除废料，准备下一轮栽培。

（9）病虫害防控技术。主要采用物理防控措施，每栋菇棚门口外搭建缓冲间，长度为棚宽，宽度为 1.5m，用 60 目尼龙防虫纱网加盖遮阳网封闭，两边留门。菇棚门口内安装 1 台小型电子杀虫灯，菇棚内靠近照明灯吊挂 5～6 张黄色粘虫板。棚门口及换气窗外缘均加封 60 目尼龙防虫纱网。

二、注意事项

出菇阶段每天应通风几小时，及时补充新鲜空气，特别是出菇高峰期，要加大通风量。

第四节　丹参种子栽培生产技术

一、技术要点

1. 制种田选择与整理

选择土层深厚、疏松肥沃、排灌良好的砂壤土,忌连作地。每亩施无害化处理农家肥 2 500kg 或有机无机复混肥 50kg,深耕细耙。

2. 起垄覆膜

于霜降后至封冻前或解冻后,结合土壤墒情及时起垄覆膜,垄宽 80cm,垄高 25cm,垄面宽 35cm。采用黑色氧化生物双降解地膜,膜宽 90cm,厚度为 0.005mm。铺膜时紧贴地面、拉紧,薄膜边缘埋土约 10cm,压实。于膜上种植行覆土,厚度约 2cm。

3. 品种来源与种苗选择

丹参农家品种或经审定的丹参品种。选用根长约 15cm、根上部直径约 0.5cm 以上、无病虫害、无损伤、表型一致的健壮种苗。

4. 移栽

11 月底至土壤封冻或 3 月初,在垄面按行距 30cm 顺垄交叉种植 2 行,株距 25cm;穴栽,穴深 15~20cm,将种苗斜放于穴内,浇适量水,覆土,厚度以苗不露土为宜。

5. 除杂与去劣

开花前后清除杂株、弱株。

6. 追肥

第二年 4 月中下旬追肥,每亩沟施三元复合肥 25kg,浇水。当植株约 1/2 现蕾时,选择晴天上午喷洒 0.3% 磷酸二氢钾叶面肥一次。

7. 蚜虫防治

开花期前后，可用 80 亿孢子/mL 金龟子绿僵菌 CQMa421 可分散油悬浮剂 90mL/亩喷雾防治。

8. 采收

翌年 6—7 月上旬，丹参果穗有 2/3 果壳枯黄时分批采收。收获时，剪下果穗，去掉果穗顶端未成熟的 1/3 部分，置通风处晾晒 3~5 天。

9. 脱粒、清选

敲打果穗 1~2 遍，然后用直径 1mm 和 3.5mm 筛子清选，去除其中的秕粒、杂草种子、病虫粒、破损粒以及其他杂质，装袋置阴凉干燥处保存。

二、注意事项

（1）开花初期，及时防治蚜虫。

（2）雨季要注意及时排水，避免田间积水，防止烂根。

（3）收获后，及时晾晒脱粒，置于阴凉处储藏，防鼠虫害，防雨淋和霉变。

第四章 果树栽培

第一节 苹果栽培管理技术

一、1月上旬至3月上旬

1. 冬季修剪

树形以细长纺锤形、自由纺锤形或小冠疏层形为主。

2. 病虫害防控

重点防治果树腐烂病、干腐病、枝干轮纹病，越冬虫和虫卵等。

二、3月中旬至4月上旬

1. 春季追肥，修整树盘

（1）追肥。第1次追肥（萌芽前）以氮肥为主，磷肥次之，加有机肥500kg（或生物有机肥）。推荐施用缓控释肥和生物菌肥。施肥后灌水，划锄保墒。

（2）修整树盘，以树冠投影面积修筑大树盘，内高外低，培30cm的土埂，旱能浇，涝能排。

（3）浇萌芽水。

2. 病虫害防控

重点防治腐烂病、干腐病、枝干轮纹病、霉心病、白粉病，蚜虫类、螨类、康氏粉蚧、绿盲蝽及卷叶蛾等。

三、4月中旬至5月上旬

1. 花前复剪

（1）强拉枝。

（2）花前复剪。

2. 果园壁蜂授粉

每亩地释放壁蜂200~300头，壁蜂授粉期禁喷杀虫剂。

3. 病虫害防控

重点防治霉心病和缩果病，喷2~3次硼肥液，提高坐果率，改善缺硼症状。

四、5月中旬至6月中旬

5月中旬至6月中旬为幼果期至花芽分化期。

1. 施花芽分化肥

第2次追肥（5月底，花芽分化前），用全年施氮的30%、磷的30%、钾的40%。

2. 病虫害防控

重点防治果实轮纹病、炭疽病、斑点落叶病、炭疽菌叶枯病、红蜘蛛、蚜虫类、卷叶蛾类及金纹细蛾。

五、6月下旬

重点防治褐斑病、早期落叶病、食心虫及潜叶蛾等。

六、7月至8月

1. 果实膨大肥

以钾肥为主，磷肥次之，全年磷肥占20%，钾肥占40%。也可冲施高钾水溶肥，叶面喷施钾肥，促进果实膨大，表面光泽好，果实着色。

2. 病虫害防控

重点防治斑点落叶病、炭疽菌叶枯病、红蜘蛛、绵蚜及潜叶蛾等。

七、9 月至 10 月中旬

9 月至 10 月中旬是果实着色成熟期。

1. 秋季修剪

疏除内膛徒长枝、密生直立枝和纤细枝，保持树冠通风透光。

2. 病虫害防控

重点防治桃小食心虫、二斑叶螨、果实轮纹病、炭疽病、斑点落叶病、炭疽菌叶枯病、褐斑病和苦痘病等。

3. 适时摘袋，铺设反光膜

（1）9 月下旬至 10 月上旬，晚熟品种采果前 15~20 天摘除果袋。先摘除外袋，间隔 4~5 个晴日再摘除内袋。

（2）铺设反光膜。摘袋后摘叶、转果并铺设反光膜，增加果实着色。切忌在高温下摘除果袋。

八、10 月下旬至 11 月上旬

10 月下旬至 11 月上旬为苹果成熟采收期。

1. 秋施肥

（1）施基肥。果实采收后施基肥，以有机肥为主，化肥为辅。

（2）叶面追肥。采果后至落叶前，树上喷 0.5%~1.0% 尿素、钾肥。农家肥必须发酵腐熟后施用，否则易产生肥害、病虫害。

2. 病虫害防控

主要防治枝干和叶部病害及苹小卷叶蛾等。

九、11 月中旬至 12 月

（1）清洁果园，彻底消灭越冬病虫源。

（2）树体保护。树干涂白。根颈处培土。浇封冻水。

第二节　桃树栽培管理技术规程

一、萌芽期

1. 防治病虫害

全园喷 1 遍 5 波美度石硫合剂，铲除越冬病原菌，同时防治红蜘蛛、介壳虫、桃蚜及梨小食心虫等。

2. 花前追肥

此期以氮肥为主，施肥后及时浇足花前水。

二、花期

1. 疏花

减少营养消耗，自花芽萌动期开始疏除弱枝弱花，盛果期树可疏除全树总花量的 20%～30%。

2. 授粉

对于授粉不良品种可进行放蜂或人工授粉。

3. 疏果

疏果、定果，合理负载。

4. 病虫害防控

防治病虫害，提高坐果率。

三、果实膨大期

1. 病虫害防治

采用"预防为主，综合防治"的植保方针，主要防治桃潜叶蛾、蚜虫、红蜘蛛及炭疽病等。

2. 追肥

此期以优质生物有机肥为主，追肥方法采取沟施或穴施并及时浇水，以利果实快速生长，同时注意夏季排涝。

3. 夏剪

夏剪时期从萌芽至新梢停止生长均可进行，采用夏剪综合措施，主要方法有：抹芽、除萌，摘心，拉枝开角，疏剪。保证冠内通风透光。

4. 叶面喷肥

生长季节叶面喷肥 5~6 次，以 0.3%~0.5% 尿素为主，配合优质叶面肥料。后期以 0.5% 磷酸二氢钾为主，结合喷药进行。

5. 套袋

一般 5 月下旬至 6 月中下旬进行套袋，套袋前喷药 2~3 次，喷药要细，喷药后遇中到大雨后要重喷，药液充分晾干后套袋。

6. 果园生草

提倡园内种植绿肥，宜选择以 3 月中下旬至 4 月中下旬、9 月上旬至 10 月上旬，气温在 20℃ 左右时进行播种，不间作其他作物。

四、着色期至成熟期

为促进果实着色，可剪除过大、过密、挡光大枝，也可结合喷药全园喷 0.5% 磷酸二氢钾 3~4 次，保证枝条成熟，利于花芽分化。

套袋果采收前 10~15 天摘袋，并及时摘叶（将果实附近挡光的叶片摘除），促进着色。

果实采收后及时全园喷 1 遍杀虫剂，可选择菊酯类杀虫剂，主治大青叶蝉和螨类等。

五、休眠期

（1）清洁果园。减少翌年病虫基数。

（2）结合果园深翻改土、整修树盘。

（3）封冻前全园深刨 30cm，大雪前后全园浇灌封冻水，以利保墒、树体安全越冬。

（4）整形修剪：培养好骨干枝、各级骨干枝生长要均衡，幼树做到下部以轻剪、中上部以疏为主，适当甩放、培养中短果枝，四年生以上树培养中大型结果枝组，及时更新选留好预备枝，防止结果部位外移。衰老期树的修剪：此期修剪的主要任务是重剪、缩剪及更新骨干枝，利用内膛徒长枝更新树冠，维持树势，保持一定产量。

第三节　葡萄栽培管理技术规程

一、出土上架期

1. 修整架杆

拉紧铁丝，棚架栽培的整好架面、修换横杆。

2. 出土上架，绑缚老蔓

当日平均气温 10℃以上，地下 30cm 处地温 7~10℃时，去除覆土。

3. 检查根癌病

对病重植株铲除带离果园烧毁，对发病轻的进行刮治。

4. 催芽

浇催芽水，施催芽肥。

二、萌动至发芽期

萌动期喷 5 波美度石硫合剂，除喷植株外，将立杆、铁丝一起喷一下，进行全园消毒，铲除越冬病源。

发芽期进行第 1 次除萌定梢。

三、新梢生长至开花期

当新梢长至 15cm 左右时，预防黑痘病和白粉病的发生，对有病虫害的园片，根据病情与虫情适当用药。

在花序现穗期进行第 2 次定梢，篱架栽培的将无花序的新梢抹除，棚架栽培的每平方米架面留 6 个新梢，篱架栽培的每米长的架面水平方向留梢 10 个左右，疏除过密新梢。在开花前进行第 3 次定梢，重点是花穗整理，疏除病残穗和小穗新梢。

于花序分离期（花前 5~7 天）在花上留 7~9 片叶摘心，除顶端副梢留 2 片叶反复摘心外，其余副梢全部抹除，整理花序，去副穗，掐穗尖，提高坐果率。

四、花后至硬核前

落花后，当果粒达绿豆粒时（生理落果后），集中进行疏果，当果粒达黄豆粒大小时，可以进行果实套袋。

落花后 7~10 天，追施果实膨大肥，施后浇小水，以免降低地温，影响植株的正常生长发育。

采取一年两收制的巨峰葡萄园，当新梢直径达 1cm 时，重摘心，刺激自由果的产生，1 次摘心不见花时，紧接着进行 2 次摘心甚至 3 次摘心，直至自由果的产生。

五、硬核期至着色前

及时疏除副梢，整理架面，一般不留 2 级副梢，但是架面叶面积不足的园片，副梢留一片叶后摘心。

预防白腐病、酸腐病、黑痘病及霜霉病等病害。

果实膨大期开始时要进行追肥，追施磷钾肥，促进果实膨大和转色。

六、着色至采收期

1. 叶面喷肥

结合喷药喷施 0.5% 磷酸二氢钾，促进着色，使果实自然成熟。

2. 采收

葡萄易发生机械伤，因此在采收、装箱、运输及储藏过程中要轻拿轻放。

七、落叶至休眠期

及早施足基肥。

小雪前后进行整形修剪。葡萄栽培必须要有与支架相适应的树形，较好的树形表现为果穗与枝叶均匀合理地分布于架面上，并保持较长时间结果能力，有利于稳产优质，减少病虫滋生，并依据品种与生长特点、地区特定的自然条件选择树形。

清扫果园，铲除越冬病源。

下架埋土，普浇 1 次封冻水，增加土壤含水量，使植株安全越冬。

第四节　盐碱地葡萄高效栽培技术

一、技术要点

（一）盐碱地葡萄限根栽培技术

根域限制沟的规格：在地面按6~8m的间距开宽80~100cm、深50~60cm沟，并在沟底开挖排水沟，在沟壁和沟底覆盖8~10mm厚的塑料膜，再在其上安放渗水管（外径8~10cm），渗水管上覆盖无纺布，防止泥土堵塞渗水管孔眼。开挖区域限制栽培沟的土地面积占葡萄园占地面积的15%~25%。

营养土配制：用1份有机肥和6~8份表土混合后填入沟内，并高出地面20cm。每亩有机肥用量为6~8m³。

葡萄苗种植间距：行距6m，株距2m，每亩55株。

整修和副梢管理：选用"T"形树形，注意主干底部与地面形成45°角，以便于冬季下架防寒，主干高度1.8~2.0m，2个对生的主蔓长度均为3.0m，主蔓上直接配置结果母枝，其配置密度为每米10个，每亩配置结果母枝3 300个，每个母枝选留新梢1个，每新梢留果穗1串，亩产量可控制在1 500kg左右。

（二）盐碱地葡萄避雨栽培技术

1. 简易连栋避雨棚

避雨棚搭建：采用DN50热镀锌结构用不锈钢无缝钢管为立柱，跨度为6m，间距4m，地上高1.8m。立柱上部顺行向用DN32热镀锌钢管作为纵向拉杆连接固定，垂直行向用DN25热镀锌无缝钢管作为横向拉杆连接（横梁）。棚顶高3m，用DN20薄壁热镀锌钢管作为拱杆，跨度同葡萄行距，拱杆间距1m，每根横向拉杆中间加装1根1.2m的DN20钢管作为立柱，支撑拱杆；薄膜选用聚乙烯膜（PE）或乙烯-醋酸乙烯膜（EVA），厚度在 80μm 及以上，用卡槽固定在横杆。

配套树形构建："T"形架，干高 1.7~1.8m，双臂垂直于行向呈"T"形绑扎，新梢顺行向垂直于双臂绑扎。

2. 半拱式简易避雨棚

避雨棚搭建：采用 DN32 热镀锌结构用不锈钢无缝钢管为立柱或者 120mm×120mm 的方形水泥柱为立柱，立柱行距 2.5~3.0m，间距 4~6m，南北两端的水泥柱从地面至上顶部高度约 1.8m，地面以下部分深度约 0.6m。中间水泥柱从地面至顶部约 2.4m，地面以下部分深度约 0.6m，四周水泥柱每根用 3m 长水泥柱做斜撑，用直径 6.66mm 以上钢绞线围绕连接成矩形框，作为避雨棚四边，在中间水泥柱距地面 1.8m 处，用直径 2mm 以上的钢丝纵横串联，编织成网状；在距地面 1.8m 处的棚面上搭建小拱棚，棚高 0.6~0.7m、棚宽 2.2m，棚的两端采用 DN20 钢管折弯做拱杆，在拱杆的最上端和两端，顺行向拉 3 根直径 2mm 以上的钢丝。中间用钢丝做拱杆，钢丝直径 3.5~5.0mm，长 2.7m，将拱杆的两端和中间用绑丝固定在与行向平行的这 3 根钢丝上；薄膜选用聚乙烯膜（PE）或乙烯-醋酸乙烯膜（EVA），无滴类型，厚度在 65~80μm，两边用卡槽固定薄膜。

配套树形构建："V"形架，干高 0.8~1.0m，单臂或双臂顺行向"一"字形绑扎，新梢呈"V"形均匀绑扎。第一道铁丝离地 0.8~1.0m，在离第 1 道铁丝上方的 0.4m 和 0.8m 处分别扎 0.6m 和 1.0~1.2m 长的横梁，每道横梁两头拉 2 根铁丝。

（三）盐碱地葡萄园水肥一体化技术

目前节水灌溉主要有滴灌和微喷灌技术，结合肥水一体化，将可溶性肥料随灌水直接送入植株根部，不同时期灌水和施肥指标见表 4-1。

表 4-1　不同时期灌水和施肥指标

生育时期	灌水次数（次）	每次灌水量/（m³/亩）	施肥次数（次）	每次施肥量（kg/亩）		
				N	P₂O₅	K₂O
萌芽期	2	3~5	2	2.0~3.0	0.5~0.8	3.0~3.5
始花期至末花期	3~5	2	2~3	0.5~0.8	3.0~3.5	2.0
幼果发育期	4	3~5	2	3.0~5.0	0.9~1.8	5.0~6.0
转色期	1	2	1	—	—	2.0~3.0
采收后	2~3	8~10	1	4.5~7.5	1.5~2.0	6.0~7.0
合计	10~11	42~72	8	22.5~25.5	5.0~9.0	30.0~36.0

二、注意事项

灌溉水适宜使用淡水，或者将盐碱水淡化后使用。

第五节　大棚条桑养蚕配套技术

一、技术要点

1. 条桑收获技术

条桑收获方式有 3 种。

（1）草本式栽培条桑收获。选用发条能力强、生长快的杂交桑品种，每公顷栽植 9 万~12 万株，土地肥水充足，枝条生长至 80~90cm 时用收割机或镰刀收割。

（2）桑树截枝留芽轮伐条桑收获。剪梢时将一半桑园实行重剪梢，另一半常规剪梢；重剪梢区春蚕后不夏伐，每根枝条留 2~3 个新梢，次年春蚕后夏伐；第二年，将重剪梢区与正常夏伐区交替；春蚕、夏蚕、秋蚕期根据留芽、留条及用叶需要剪条喂蚕。

（3）硬枝伏条条桑收获。在桑树树液流动前，将普通多年生丰产桑园的枝条平伏后绑牢，发条后根据桑条长势及养蚕需要人工剪条收获，可以多年进行全年条桑收获。

2. 大棚条桑养蚕技术

一般在 4 龄蚕饷食 1 天后，结合移入养蚕大棚，同一发育批次的蚕集中放在一起，蚕头密度稍稀，5 龄起蚕后将蚕座扩大至最大面积。春蚕 4 龄喂三眼叶，夏秋蚕 4 龄用枝条中上部较细的枝条条桑饲育，每日给桑 2~3 次；5 龄饷食后条桑饲育，每日给桑 2 次，条桑以现收现喂为佳，做到良桑饱食。每日做好消毒防病及温湿度调控工作。

3. 方格蔟简易自动上蔟

用竹竿搭建蔟架后，悬吊在棚顶的檩条上。蚕见熟后改喂芽叶或片叶，平整蚕座，并使蚕座与蔟架的宽度相当，蚕座面积缩小 50%。见熟蚕 5% 左右时，添食蜕皮激素。将绑好短竿的方格蔟悬挂到蔟架上，95% 以上的蚕熟后，将方格蔟下落到蚕座上，待绝大部分爬熟蚕上方格蔟后，提升蔟架使方格蔟离地 50cm 以上。然后将未上蔟蚕捉起上蔟，熟蚕排尿后清理蚕座。

4. 养蚕大棚复合经营增收技术

冬暖式养蚕大棚在 10 月中旬至翌年 4 月栽培蔬菜或菌菇，可以栽培的品种有芹菜、黄瓜、番茄、平菇和香菇等。

二、注意事项

大棚安装通风换气设施，大蚕期加强温湿度调节。

大棚养蚕严格做好消毒防病工作。

蚕菜两用大棚栽培蔬菜及菌菇时避免使用高残、高毒农药及对蚕有害的用品。

桑园草本式栽培必须保证肥水充足。

第六节　果桑栽培技术规程

一、技术要点

1. 园地选择

选择耕作层 60cm 以上、地下水位 0.8m 以下、pH 值 6.5 ~ 7.0 的砂壤土或壤土。应远离养殖区、工业区及其他污染源。

2. 园区规划

根据生产需求规划桑园排灌系统和道路系统，交通方便，便于运输和采摘观光。

3. 品种选择及授粉树配置

品种选择：选择适合当地栽植的高产优质及抗病性强的果桑品种，如大十、白玉王、红果 2 号、黑珍珠等。

授粉树配置：配置 2% ~ 3% 的雄株做授粉树。

4. 苗木选择

以 1 ~ 2 年生、根径 0.7cm 以上的新鲜苗木为佳。

5. 栽植时期

冬栽：应在桑树落叶后至土壤封冻前完成，注意防冻。

春栽：应在春季土壤解冻以后至桑树发芽前栽植，春栽宜早。

6. 栽植方法

栽植密度：每亩栽 200 ~ 250 株，行距 250 ~ 300cm，株距 100cm 左右。

栽植沟（穴）准备：先将土地整平耕细，按照栽植行距，挖深 50cm、宽 50cm 的栽植沟，每亩施 5 000kg 左右土杂肥、堆肥等做基肥，与松土混匀。穴栽时，挖深宽各 60~70cm 的栽植穴，每穴施 10~15kg 有机肥，施足基肥后盖上 1 层细表土。

栽植：将苗木立于栽植沟或栽植穴的中央，边回土边轻提桑苗，使苗根均匀伸展，填土至全部根系埋没，踏实，灌透定根水，水渗下后填土至稍高于地面。栽植深度为根颈埋入土中 2~7cm。

7. 定干

距地面 60~80cm 处选择 1 个饱满芽，在靠近芽上部 1cm 左右平剪，定干。

8. 整形与修剪

树形养成：采用中干养成法。发芽后选留 2~3 根位置适当的壮枝生长，第 2 年结合夏伐，将所留枝条在离地面 70~80cm 左右处剪伐，养成第 1 层枝干，发芽后每枝干选留 2~3 根位置适当的壮枝生长，培育成 4~6 根壮枝。第 3 年夏伐时，将所留壮枝在离地面 90~100cm 处剪伐作为第 2 层枝干，即在此处定拳。此后每年在第 2 层枝干基部剪伐，定拳。

摘心：5 月上中旬桑椹开始变红时，摘掉枝条中上部萌发的新梢芽心。

夏伐：6 月上旬至中旬，桑椹采摘后，采用拳式剪伐，将 1 年生枝条全部从基部 1.5~2.0cm 处剪伐。

疏芽：夏伐桑树新条长至 10cm 左右时按照每亩留条 4 000~5 000 根进行疏芽，一般每个"树拳"留 2~3 根桑条。

剪梢：10 月上中旬进行轻剪梢，剪去新梢未木质化部分；冬春进行复剪，剪去枝条长度的 1/5~1/4。

整枝修拳：冬季桑树休眠期，将枯枝、枯桩、死桩、病虫害及不良枝条剪除。

9. 田间管理

（1）施肥。施肥原则是以有机肥、复合肥为主，无机肥为辅。

基肥：秋季落叶前后，每亩施有机肥 2 000~4 000kg。追肥：春季发芽前，每亩施速效性复合肥 50kg；夏伐后，每亩追施速效性复合肥 70kg。根外追肥：桑树结果期和生长期叶面喷施 0.3%~0.5% 尿素和 0.2%~0.3% 磷酸二氢钾溶液，可单一或混合施用。

施肥方法：基肥采用撒施法结合冬耕将肥料翻埋土中；追肥采用沟施法或穴施法；根外追肥采用叶面喷施法，结果期最后一次叶面肥应该在桑椹采收前 20 天结束。

（2）灌溉排水。春季桑树发芽开叶时要注意灌溉；夏秋气温高，枝叶生长旺盛需大量灌溉；晚秋桑树生长缓慢一般不需灌水。桑果膨大期、成熟期遇天旱应及时浇水。桑椹采摘前 5 天不再浇水，以提高椹果含糖量并方便采摘。多雨季节应及时排出积水，必要时开排水沟。

（3）病虫害防治。坚持治早、治小的原则，提倡绿色防控。注重桑树发芽前用残效期短药物防治。桑椹采摘后，病害发生严重时喷洒对人畜低毒的药物。虫害防治应根据不同害虫的发生特点，制定相应的综合防治措施。

（4）杂草防控。早春利用地膜、秸秆或麦壳等材料覆盖地面减少杂草生长；在杂草生长蔓延的关键时期，及时进行人工除草。

10. 收获

（1）桑叶收获。

春季桑叶收获：利用果桑叶饲养春蚕时，收蚁时间比常规养蚕收蚁时间推迟 10~12 天。1~2 龄期采用叶用桑园桑叶或者进行人工饲料饲养，3~4 龄期采摘果叶两用桑生长芽叶片和三眼叶，桑椹采摘后，5 龄期及时收获桑叶和夏伐。

秋季桑叶收获：9 月中下旬，进行片叶收获，采叶留柄，不损坏桑芽，枝条顶端留叶5~6片。

（2）桑椹收获。桑椹成熟期在5月中下旬至6月上旬，当桑椹由红变黑（白色品种果梗由青绿变黄白），并且晶莹明亮时表明桑椹已成熟，应及时于清晨或傍晚采收，中午、雨天和露水未干时不宜采收。成熟期不一致的品种，应分期采收。就地销售的应在果实充分成熟时采收；长途运输或储藏保鲜的应在桑椹九成熟时采收。

（3）收获方式。

人工采收：摘果人员严格清洗双手，盛果容器也要彻底清洗消毒，宜用拇指和食指或专用采收工具将桑椹果柄掐断，果柄长度小于2mm，采摘时轻采轻放，桑椹堆放高度控制在30cm以内。

震落采收：用木杆击打或摇晃桑树树枝，使桑椹从树上掉落，应在树下撑（铺）塑料膜或布单或专用网，将震落的桑椹集中用不漏汁的容器收集。该方法适用于加工用桑椹。

二、注意事项

1. 适用范围

适用于山东省黄河流域果桑栽培的建园规划、品种选择、授粉树配置、桑树栽植、整形与修剪、田间管理和收获等技术要求。

2. 果桑

以采摘桑椹为主，同时兼顾收获桑叶的桑树群体。

第七节　雪桃栽培技术

雪桃于9月下旬至11月上旬成熟，果实脆硬，含糖量

18%~20%，如高青雪桃。栽培技术要点如下。

一、园地选择

桃树在一般土壤上均可栽培，但建园应选排水良好、土层深厚、光照充分的沙质土壤。

二、施肥措施

幼树期需肥较少，进入结果盛期以后，必须供应足够的肥料。

1. 施肥量

桃树的适宜施肥量和氮、磷、钾三要素的比例，应根据品种、树龄、树势、产量、土壤肥力、气候条件等因素综合决定，幼树期生长旺盛，应少施氮肥，增施磷、钾肥，主要以磷酸二铵为主，可充实枝条，促进花芽形成，提早结果和防止抽条。结果后应增多施肥量，应注意氮、磷、钾的配合，以保持生长和结果的平衡。具体施肥量，成年树比幼树要多施肥，按产果量计算，每 50kg 果需纯 N $0.20\sim0.25$kg、P_2O_5 $0.10\sim0.25$kg、K_2O $0.25\sim0.35$kg，通常每株施人粪尿或有机肥 10kg 左右，再加 0.25kg 磷酸二铵。

2. 施肥时期

（1）基肥。以有机肥为主，果实采摘后 1 个月内施入。早施基肥，伤根可以较快愈合，能增加冬前树体内营养物质的积累。如必须春季施用时，应尽量早施，等土地化冻后立即施入，否则 6 月以后发挥肥效，引起新梢旺长。

（2）追肥。一般果园全年追肥 2~3 次，前期多，后期少，以速效肥为主。花前肥，3 月下旬亩施三元复合肥 30~40kg；花后肥，等落花后施入，以磷钾肥为主，每亩 10~15kg；催果肥，

7月底至8月初施入，每亩追施三元复合肥30~40kg；采后肥，补充树体消耗，充实新梢组织和花芽，增加树体储藏营养，以二铵肥为主，施少量尿素。

三、树体修剪

桃树是喜光果树，干性弱。生长势强而寿命较短，萌芽力和发枝力都很强，容易产生2~3次副梢。如果修剪不当，则结果差。因此，整形或修剪多采用无中心干的开心树形。

1. 幼树整形修剪

幼树整形修剪时应充分利用其生长旺盛，萌芽力和成枝力强，早熟性芽在壮枝上能形成多次副梢，以及花芽形成早等特点，一方面扩大树冠，另一方面培养强健的骨干枝。

（1）定干。一般定干的高度为30~50cm。

（2）主侧枝培养。春季萌芽后新梢长到10~20cm时，整形带内选留3~5个新梢，其余疏除。

（3）结果枝组的修剪。主枝、侧枝的中下部及树冠内膛宜多留大中型枝组，树冠上部及外围则宜多留小型枝组，造成"里大外小、下多上少"的布局。枝组间距离，同方向大型枝组1m左右，中型枝组60cm左右，小型枝组30cm左右为宜。

（4）结果枝修剪。以长果枝结果为主的品种，应以短截为主；以短果枝结果为主的品种，应以疏剪为主。

2. 盛果期修剪

主要调节好生长和结果的关系，保持树体健壮，培养和更新结果枝组，疏除外围过密旺枝，改善内膛光照，防止结果部位外移。修剪方法是在树体或结果枝组的中下部重截，依枝条强弱不同留3~5节或1~2节，促发新梢，形成下年结果枝，采用三枝更新修剪法。

（1）单枝更新。树势较强的情况下，长、中果枝留 3~5 芽外截，使一面结果，一面发枝，对花芽分布较少或果枝较细的品种，也可轻剪长放。

（2）双枝更新。对相邻的 2 个果枝，上部 1 个轻剪，使之结果，下部 1 个留 2~3 芽重截，留作预备枝。

（3）三枝更新。即 1 枝回缩结果，1 枝长放促发多数短果枝，1 枝留 2~3 芽短截作预备枝使其长出发育枝。翌年冬剪时，将已结果的枝条缩剪掉，长放枝适当短截，留几个短果枝结果，预备枝长出的发育枝，一个长放，另一个重截。

3. 生长季修剪

（1）抹芽。4 月下旬至 5 月上旬芽萌发后，在需要留枝的部位选留 1 个壮梢，而将其余过密的嫩梢抹去。

（2）疏枝。5 月上旬至 6 月上旬，新梢迅速生长达到 30cm 左右时，根据生长势、粗度、部位等判断枝条好坏与性质，应疏去竞争枝、细弱枝、密生枝和下垂枝，树冠内部徒长枝和过密枝应疏去。

（3）摘心。第 1 次在 5 月中旬至 6 月上旬，幼树摘心以外围延长枝为主，长达 35~45cm 以上的新梢，可选用方向、角度适宜的副梢延长枝头，上部的主梢摘心或剪除，以下的副梢摘心控制；第 2 次在 6 月下旬至 7 月上旬，将未停止生长的旺梢摘心；第 3 次在 8 月下旬至 9 月上旬，除去主、副梢先端的嫩尖，增加营养积累，为安全越冬做好准备。

四、病虫害防治

1. 桃缩叶病

主要为害叶片、嫩枝及幼果。防治措施：在春季桃芽膨大而未绽芽时，喷洒 5 波美度石硫合剂或 1：1：100 式波尔多液；发现病叶后，在形成子囊层前，及时摘除烧毁。

2. 桃疮痂病

主要为害果实，也能为害枝梢和叶片。果实初病时，果面出现暗绿色圆形小斑点，其后逐渐扩大。防治措施：萌发前喷 5 波美度石硫合剂，铲除或减少枝梢上的越冬菌源，落花后半个月起至 6 月，每隔半月喷洒 0.2~0.4 波美度石硫合剂，0.5：1：100 硫酸锌石灰液；冬季结合修剪，去除病枝，或消灭减少越冬病源。

3. 桃炭疽病

症状：幼果染病呈暗褐色，发育停滞，萎缩硬化。稍大的果实染病时，初起果面发生暗绿色水渍状斑点，扩大凹陷呈深褐色。防治措施：冬季结合修剪清除病枝、病果，减少病源；发芽前喷洒 5 波美度石硫合剂，自果实豆粒大时起喷洒有机硫制剂 600 倍液，发病前或发病初期喷施 40% 苯甲·吡唑酯悬浮剂 2 000~3 000 倍液；注意果园排水，适当施肥防止徒长。

4. 桃树腐烂病

主要为害主干和大枝，引起死树，发病严重时遍体流胶，树皮组织腐烂，湿润有酒糟味，以后干缩，上密生黑色小点。防治措施：培养树势，加强肥水管理；及时刮除病斑，直到木质部，刮后涂药；对每年锯下的病枯枝及时烧毁，不能堆放果园附近。

第五章　植保土肥

第一节　黄淮海区域冬小麦田杂草精准防控技术

一、技术要点

以植物检疫为前提，因地制宜地采用生态、农业及化学等措施，相互配合，可经济、安全并且有效控制黄淮海小麦田杂草发生与危害。

（一）农艺措施

采用精选种子、施用腐熟有机肥料、清除田边沟边杂草等措施减少杂草种子来源；播前杂草诱萌、灭除，小麦适时晚播；机械除草主要有播种前耕地、适度深耕及苗期机械中耕等；合理轮作，改变轮作方式可以显著减少田间杂草基数；适当密植。

（二）化学措施

冬麦田喷药一般掌握在杂草出齐后尽早施药。冬麦田杂草防除有两个适宜的喷药时期：第一个适宜时期是冬前11月中旬，小麦播后30~40天，小麦处于分蘖初期；第二个适宜时期是春季气温回升后，小麦分蘖期至返青初期。

（三）除草剂的选择

根据田间优势杂草，选择合适除草剂。针对田间不同草相，可选用适合的单一或复配的除草剂及用量进行防除。

免耕小麦田，可在小麦播种前或播后苗前用50%绿麦·异丙隆可湿性粉剂150g/亩，或用33%氟噻·吡酰·呋悬浮剂80mL/亩，喷雾土壤。

　　1. 阔叶杂草防除措施

　　以播娘蒿（非抗性）、荠菜（非抗性）、小花糖芥、麦瓶草、蚤缀、田紫草、风花菜、碎米荠、通泉草及泥胡菜等为主的麦田，每亩可选用50g/L双氟磺草胺悬浮剂10～15g，或用13%2甲4氯钠水剂250～300mL，或用75%苯磺隆干悬剂1.0～1.5g，或用15%噻吩磺隆可湿性粉剂10～15g，或用72%2,4-滴丁酯乳油45～75mL，或用75%苯磺隆干悬剂0.8～1.0g加20%氯氟吡氧乙酸乳油30～40mL，或用10%噻吩·苯磺隆可湿性粉剂10～15g，或用30%苄嘧·苯磺隆可湿性粉剂10～15g，或用20%氯吡·苯磺隆可湿性粉剂30～40g，喷雾防治。

　　防除抗性播娘蒿和麦瓶草等，可选用双氟磺草胺与唑草酮、2甲4氯等的复配制剂；防除抗性荠菜，可选用双氟磺草胺与2甲4氯、2,4-滴异辛酯等的复配制剂。

　　以猪殃殃为主的小麦田，每亩可选用20%氯氟吡氧乙酸乳油50～70mL，或用10%苄嘧磺隆可湿性粉剂40～50g，或用48%麦草畏水剂15～20mL，或用40%唑草酮干悬浮剂4～5g，或用58g/L双氟·唑嘧胺悬浮剂10～15mL，或用490g/L双氟·滴辛酯悬乳剂40mL，喷雾防治。

　　以猪殃殃、荠菜和播娘蒿等阔叶杂草混合发生的地块，建议选用复配制剂，如用双氟磺草胺+氯氟吡氧乙酸，或用双氟磺草胺+唑草酮等，可扩大杀草谱，提高防效。

　　以婆婆纳为优势杂草的地块，每亩可选用75%苯磺隆干悬浮剂1.2～1.5g，或用含有苯磺隆的复配制剂。

　　春季3月下旬至4月上旬，以猪殃殃、打碗花和萹蓄等为主的麦田，每亩可选用20%氯氟吡氧乙酸乳油50~60mL。

2. 禾本科杂草防除措施

以雀麦为主的小麦田，每亩可选用7.5%啶磺草胺水分散粒剂12.5g，或用70%氟唑磺隆水分散粒剂3~4g，或用30g/L甲基二磺隆可分散油悬浮剂20~30mL。

以野燕麦、看麦娘、硬草和菵草为主的小麦田，每亩可选用15%炔草酯可湿性粉剂20~30g，或用69g/L精噁唑禾草灵水乳剂50~60g，或用50%异丙隆可湿性粉剂100~150g。这些禾本科杂草与阔叶杂草混合发生时，每亩可选用70%苄嘧·异丙隆可湿性粉剂100~120g，或用50%苯磺·异丙隆可湿性粉剂125~150g，或用72%噻磺·异丙隆可湿性粉剂100~120g。

以多花黑麦草和野燕麦为主的小麦田，每亩可选用15%炔草酯可湿性粉剂15~20g，或用5%唑啉草酯乳油60~80mL。

以多花黑麦草、碱茅和棒头草为优势杂草的地块，每亩可选用15%炔草酯可湿性粉剂20~30g，或用5%唑啉草酯乳油60~80mL，或用7.5%啶磺草胺水分散粒剂12~13g。

以大穗看麦娘为优势杂草的地块，每亩可选用6.9%精噁唑禾草灵水乳剂80~100mL，或用15%炔草酯可湿性粉剂20~30g，或用30g/L甲基二磺隆可分散油悬浮剂，或用5%唑啉草酯乳油60~80mL。

以早熟禾为优势杂草的地块，每亩可选用7.5%啶磺草胺水分散粒剂12~13g，或用50%异丙隆可湿性粉剂100~150g，或用30g/L甲基二磺隆油悬浮剂20~30mL+专用助剂。

以节节麦为主的小麦田，每亩可选用30g/L甲基二磺隆可分散油悬浮剂20~30mL，或用3.6%二磺·甲碘隆水分散粒剂15~25g。

二、注意事项

环境条件：喷药时气温 10℃ 以上，无风或微风天气，植株上无露水，喷药后 24 小时内无降雨；注意风向。喷雾机或无人机喷施 2,4-D 丁酯、2,4-滴异辛酯、2 甲 4 氯及其复配制剂时，与阔叶作物的安全间隔距离最好在 200m 以上，避免飘移药害的发生，并严格控制施药时间为冬后小麦 3 叶 1 心后至拔节前使用。

土壤条件：小麦田土质为沙土、砂壤土时，除草剂宜选用较低剂量，土壤处理除草剂宜先进行试验再大面积使用。土地应平整，如地面不平，遇到较大雨水或灌溉时，药剂往往随水汇集于低洼处，造成药害；土壤墒情是土壤处理除草剂药效发挥的关键，可选择雨后或浇地后，土壤墒情在 40%~60% 时喷药。

药剂配制：药剂使用前，要详细阅读药剂标签，特别注意使用剂量及注意事项。施药时，用药量要严格控制，不可随意加大，避免药害发生。配药时，准确计量施药面积。另外，许多药剂要先配制母液，即先在小容器中加少量水溶解药剂，待充分溶解后再加入到喷雾器中，加足水，摇匀后喷施。干悬剂及可湿性粉剂尤其要注意。

年度间轮换使用除草剂：治理杂草应因地制宜，不同杂草种类选择相对应的药剂。另外，最好是选择不同作用类型的除草剂混用，并且每年使用的除草剂应有所不同，即做到不同作用类型除草剂的混用和轮换使用，避免重复使用、单一选择下，杂草抗药性上升。

器械选择：选择生产中无农药污染的常用喷雾器，带恒压阀的扇形喷头，喷药前应仔细检查药械的开关、接头及喷头等处螺丝是否拧紧，药桶有无渗漏，以免漏药污染；喷施过 2,4-滴丁酯、2,4-滴异辛酯及其复配制剂的喷雾器，应专用。

第二节　桃树病虫减药防控技术

一、技术要点

(一) 虫害预测预报技术

1. 利用性信息素诱捕预测

适用于诱捕梨小食心虫、桃蛀螟及桃潜叶蛾等害虫，诱捕器为盆式诱捕器（高 18cm，内口径 28~30cm），盆口中心悬挂梨小性迷向素等性信息素诱芯，诱捕器悬挂高度为树体 2/3 高度。

2. 根据防治对象及防治指标预测

通过定点观察，掌握桃树病虫害发生规律，根据防治指标进行防治。

(二) 农业防治技术集成

1. 果园生草

果园行间种植毛叶苕子、黑麦和三叶草等，既可固氮，提高土壤有机质含量，又可为害虫天敌提供食物和活动场所，减轻虫害的发生。

2. 诱集植株种植

3—4 月在桃园周边种植向日葵，6 月在桃园周边种植玉米，诱集桃园中的桃蛀螟，诱集到一定虫口数量应及时销毁植株。

3. 清理果园

在果树生长季节，要及时将果园中的病虫果、叶和枝条清理出果园，降低果园中的病虫基数；11—12 月清除树干老翘皮、树下落叶、落果和其他杂草，集中烧毁，消灭越冬害虫和病菌；树干涂白杀死树上越冬虫卵、病菌，减少日灼和冻害；越冬前深翻树盘可以消灭部分土中越冬病虫。

（三）物理防治技术集成

1. 诱虫带诱杀

利用害虫对越冬场所的选择性，8—10 月在果树大枝上绑瓦楞诱虫带，诱集害虫化蛹越冬，萌芽前集中杀灭。

2. 灯光诱杀

利用果树害虫的趋光性，4—10 月可在果树设置黑光灯、高压汞灯或频振式诱虫灯进行诱杀，诱杀对象包括金龟子和梨小食心虫等。

3. 色板诱杀

桃树盛花后（4 月下旬），悬挂黄色双面粘虫板（规格 20cm×30cm），高度为树体离地 2/3 处，间隔 5~6m，诱捕有翅蚜，6 月果园内不见有翅蚜时撤出色板。

4. 糖醋酒液诱杀

4 月上旬，按照 1 份糖、4 份醋、1 份酒、16 份水配制糖醋酒液，每亩 3~4 盆，悬挂于树体 2/3 高度，其发酵产物可引诱梨小食心虫、桃蛀螟和金龟子等，每 10 天更换一次。

5. 物理隔离

果实套袋：选用优质透气双层纸袋可预防病虫滋生。

覆盖地膜：4 月上旬覆盖地膜，可减轻红蜘蛛和桃小食心虫等害虫的为害。

覆盖防虫网：5 月中旬覆盖防虫网，不但可以防虫，还可以防暴雨、防冰雹、防强风，并适度遮光。

6. 人工捕杀

5 月至 7 月下旬，人工剪除梨小食心虫为害的桃梢，及时剪除有黑蝉卵块的枯死梢和虫梢，消灭正在卷叶的卷叶蛾幼虫；6 月至 7 月上旬，人工捕杀红颈天牛，挖其幼虫。

（四）生物防治技术集成

1. 以菌治虫

白僵菌和绿僵菌：在桃小食心虫越冬代成虫羽化前，土壤中施用白僵菌、绿僵菌（含芽孢100亿孢子/mL）或生物线虫等防治梨小食心虫等害虫。

苏云金杆菌：32 000IU/mg苏云金杆菌可湿性粉剂200~400倍液可防治苹果卷叶蛾、桃小食心虫和梨小食心虫。

2. 以虫治虫

天敌的利用：麦收期间禁止使用高毒农药，利用从大田转移至果园的瓢虫和草蛉防治蚜虫。

草蛉人工释放：在山楂叶螨幼、若螨期，将宽4cm、长10cm的草蛉卵卡（每张卵卡上有卵20~50粒）用大头针别在叶螨量多的叶片背面，待幼虫孵化后自行取食，每株放2~3次，每次每株放草蛉卵3 000粒。

西方盲走螨人工释放：5月下旬至6月中旬，根据叶螨的虫口基数，以1:（36~64）的益害比释放西方盲走螨雌成螨。

赤眼蜂人工繁殖释放：在梨小食心虫1~2代卵期，释放松毛虫赤眼蜂，每5天放1次，连续4次，每亩总蜂量8万~10万头，可有效控制梨小食心虫为害。

3. 昆虫性信息素的应用

性诱杀技术（虫口基数低）：根据虫害预测预报结果，在虫害数量始盛期，使用带有相应性诱芯的水盆型诱捕器集中诱杀，可起到降低后代种群数量的作用。防治对象主要为梨小食心虫、桃蛀螟、桃小食心虫和桃潜叶蛾。

性迷向技术（虫口基数高）：主要用于防控梨小食心虫，在梨小食心虫越冬代成虫羽化前，规模化使用梨小食心虫迷向剂。

（五）矿物源农药的利用

1. 石硫合剂

一般用生石灰 1 份、硫磺粉 2 份、水 10 份的比例熬制。在桃树休眠期和萌芽前，喷 3~5 波美度石硫合剂，可防治缩叶病、穿孔病、褐腐病及炭疽病等越冬菌源，消灭桃球坚蚧、梨盾蚧和叶螨的越冬卵等。

2. 矿物油

在果树休眠季，使用 99% 矿物油乳油 100~150 倍液，可防治介壳虫和其他病虫害。

3. 涂白剂

涂白剂的配制比例一般为：生石灰 10 份、石硫合剂 2 份、食盐 1~2 份、黏土 2 份、水 35~40 份。涂白以 1 年 2 次为好，第 1 次在果树落叶后至土壤结冻前，第 2 次在早春。

（六）化学农药的精准施用

1. 合理使用农药

严格掌握农药使用剂量、使用方法和安全间隔期。

2. 准确施药

对症、适时施药；准确掌握农药用量和施用方法；根据天气情况，科学、正确施用农药。

3. 精准施药

施药前，使用水敏纸等技术综合评价药械施药效果，并改进优化施药参数。

二、注意事项

重视技术人员培训；禁止在桃展叶期使用波尔多液；盛花期一般不采用化学防治措施，以免影响授粉；麦收后田间大批瓢虫等捕食性天敌迁入果园取食，禁止使用高毒农药，避免误杀天敌。

第三节　设施蔬菜主要病毒病综合防控技术

一、技术要点

1. 农业防治

（1）选择抗病或耐病品种。各地根据本地生态特点和不同登记品种特性，选用适宜种植的抗病或耐病品种，种子质量应符合国家有关规定。

（2）清洁棚室。育苗及定植前彻底清除棚内的植株残体，覆膜高温闷棚 3~5 天，或每亩用 10% 异丙威烟剂 0.5~0.6kg 熏蒸，使用过程按照国家有关规定执行。

（3）培育无病壮苗。采用 72 孔育苗盘基质育苗，早春茬白天温度控制在 23~32℃，夜间温度控制在 12~17℃。苗期全程用 60 目防虫网覆盖，育苗盘上方悬挂诱虫黄板。

（4）适当延迟栽培。对于烟粉虱传播的病毒病，将秋冬茬设施蔬菜定植时间由原来的 7 月下旬延后至 8 月上中旬，避开高温干旱引起的烟粉虱盛发期，降低病毒病发生概率。

2. 物理防治

定植前 7 天内，将降温剂均匀喷洒于设施棚膜外侧，每亩用量 15~20kg。

3. 生物防治

播种前用生物制剂沼泽红假单细胞菌（有效活菌数 ≥5 亿个/mL）10mL 兑水 30kg，浸种 15 分钟；定植 1 天后，用生物制剂枯草芽孢杆菌（有效活菌数 ≥10 亿个/mL）灌根，每亩用量 5L；在苗期、花期及幼果期，用生物制剂沼泽红假单细胞菌（有效活菌数 ≥5 亿个/mL）以 1∶300 比例稀释喷雾，集中喷施

2~3次。

4. 防控传毒介体

（1）设施前通风口种植玉米。6月下旬，在前通风口外侧种植玉米，降低前通风口处的温度，减少烟粉虱发生，同时对温室白粉虱和烟粉虱起到驱避作用。

（2）双网驱避传毒介体。定植前7天内，设施顶部通风口遮60目防虫网，前通风口罩遮光率为50%~70%的黑色遮阳网，设施门口悬挂70%黑色遮阳网制作的门帘。

（3）色板监测及诱杀传毒介体。定植后，每亩设施内悬挂诱虫黄板和蓝板各20~30片，挂置高度比植株顶端高5~10cm。

（4）释放天敌昆虫防治传毒介体。根据不同的目标传毒害虫，释放适宜的天敌昆虫。

释放丽蚜小蜂防治粉虱：将蜂卡挂于植株中上部枝条，每亩至少分10个点悬挂，并均匀分布于整个设施内，避免强光直射蜂卡。每次释放2 000~3 000头/亩，隔7~10天释放1次，连续释放3~5次。

释放东亚小花蝽防治蓟马：旋开瓶盖，将东亚小花蝽连同基质均匀撒施在叶片上。每次释放300~400头/亩，每15~20天释放1次，连续释放3~4次。

（5）微生物农药防治传毒介体。蓟马和粉虱等传毒介体发生初期，用80亿孢子/mL金龟子绿僵菌CQMa421可分散油悬浮剂喷雾防治，每亩用量120~150mL，7天后再次施药。

（6）化学农药防治传毒介体。一是穴施法，移栽时将5%吡虫啉缓释粒剂施入深8cm左右的定植穴内，每穴1片，确保施药点在根部周围，定植完成后浇水；二是灌根法，在生长前期、中期和后期，用22.4%螺虫乙酯悬浮剂25~30mL/亩或25%噻虫嗪水分散粒剂7~15g/亩，分3次进行灌根处理。

5. 化学防治

适时选用抗病毒剂预防控制设施蔬菜主要病毒病。一般零星发生时喷施 2 次，轻病时 3~4 次，中度以上发病时 5~6 次，每次间隔 7~10 天。

二、注意事项

做好对传毒介体的防控措施，阻断病毒病的传播源头，并适时选用绿色环保抗病毒抑制剂预防控制设施蔬菜主要病毒病。

第四节 农作物秸秆精细还田技术

一、技术要点

（1）使用大马力玉米联合收割机将玉米秸秆切碎长度小于 5cm。

（2）增施氮肥调节碳氮比，解决冬小麦因微生物争夺氮素而黄化瘦弱的问题。秸秆粉碎后，在秸秆表面每亩撒施尿素 5.0~7.5kg，然后耕翻。

（3）配施 4kg/亩的有机物料腐熟剂，可以加快秸秆腐熟程度，使秸秆中的营养成分更好更快地释放，从而培肥地力。连续 3 年实施秸秆还田加腐熟剂，与不秸秆还田比较，土壤容重降低 $0.11~0.21g/cm^3$，达到理想值 $1.10~1.30g/cm^3$；有机质含量提高 $0.40~1.51g/kg$，达到 $15.93g/kg$ 以上；碱解氮、有效磷和速效钾含量也有一定程度的提高。

（4）每亩增施商品有机肥 100kg，对培肥地力、提高土壤有机质含量、获取优质高产效果明显。

（5）配方施肥，足墒播种，播后镇压，沉实土壤。

此外，带病的秸秆不能直接还田，应该喷洒杀菌药剂以减少病菌越冬基数；也可用于生产沼气或通过高温堆腐后再施入农田。

二、注意事项

将玉米秸秆切碎，长度小于 5cm。

每亩均匀撒施尿素 5.0~7.5kg，调节碳氮比。

每亩均匀撒施 4kg 的有机物料腐熟剂。

沉实土壤，采用深耕或旋耕后，先镇压再播种，随播种用镇压轮镇压，密实土壤，杜绝悬空跑墒造成吊苗死苗。

具备一定浇水条件，微生物分解玉米秸秆也需要在墒情适宜的条件下进行。小麦播种前墒情不足时要先造墒，冬前要浇上冻水。

第五节　苹果园精准高效施肥技术

一、技术要点

（一）土壤改良技术

1. 有机肥局部优化施用

增加有机肥用量，特别是生物有机肥、添加腐殖酸的有机肥以及传统堆肥和沼液/沼渣类有机肥料。

早熟品种、土壤较肥沃、树龄小或树势强的果园施农家肥 3~4m³/亩或生物有机肥 300kg/亩；晚熟品种、土壤瘠薄、树龄大、树势弱的果园施农家肥 4~5m³/亩或生物有机肥 350kg/亩。在 9 月中旬至 10 月中旬施用（晚熟品种采果后尽早施用）。施肥方法采用穴施或条沟施进行局部集中施用，穴或条沟深度 40cm 左右，乔砧大树每株树 3~4 个（条），矮砧密植果园在树行两侧开条沟施用。

2. 果园生草

采用"行内清耕或覆盖、行间自然生草/人工生草＋刈割"的管理模式，行内保持清耕或覆盖园艺地布、作物秸秆等物料，行间进行人工生草或自然生草。

人工生草：在果树行间种植鼠茅草、黑麦草、高羊茅和长柔毛野豌豆等商业草种，也可种植当地常见的单子叶乡土草（如马唐、稗、光头稗和狗尾草等）。秋季或春季，选择土壤墒情适宜时（土壤相对含水量为65%～85%），以撒播形式播种。播种后适当覆土镇压，有条件的可以喷水、覆盖保墒。

自然生草：选留稗类和马唐等浅根系禾本科乡土草种，适时拔除豚草、苋菜、藜、苘麻和葎草等深根系高大恶性草，连年进行。

生长季节对草适时刈割（鼠茅草和长柔毛野豌豆不刈割），留茬高度20cm左右；雨水丰富时适当矮留茬，干旱时适当高留茬，每年刈割3～5次，雨季后期停止刈割。刈割下来的草覆在树盘上。

（二）精准高效施肥技术

1. 根据产量水平确定施肥量

根据目标产量（近3年平均产量乘以1.2）确定肥料用量和比例。

亩产4 500kg以上的苹果园：农家肥4～5m³/亩加生物有机肥350kg/亩，氮肥（N）15～25kg/亩，磷肥（P_2O_5）7.5～12.5kg/亩，钾肥（K_2O）15～25kg/亩。

亩产3 500～4 500kg的苹果园：农家肥4～5m³/亩加生物有机肥350kg/亩，氮肥（N）10～20kg/亩，磷肥（P_2O_5）5～10kg/亩，钾肥（K_2O）10～20kg/亩。

亩产3 500kg以下的苹果园：农家肥3~4m³/亩加生物有机肥300kg/亩，氮肥（N）10~15kg/亩，磷肥（P₂O₅）5~10kg/亩，钾肥（K₂O）10~15kg/亩。

中微量元素肥料：建议盛果期果园施用硅钙镁钾肥80~100kg/亩；土壤缺锌、铁和硼的果园，相应施用硫酸锌1.0~1.5kg/亩、硫酸亚铁1.5~3.0kg/亩和硼砂0.5~1.0kg/亩。

2. 根据土壤肥力、树势、品种调整施肥量

早熟品种、土壤较肥沃、树龄小或树势强的果园建议适当减少肥料用量10%~20%；土壤瘠薄、树龄大或树势弱的果园建议适当增加肥料用量10%~20%。

3. 根据树体生长规律进行分期调控施肥

肥料分3~4次施用（早熟品种3次，晚熟品种4次）。

第1次在9月中旬到10月中旬（晚熟品种采果后尽早施用），全部的有机肥、硅钙镁等中微量元素肥和50%左右的氮肥、50%左右的磷肥、40%左右的钾肥在此期施入。施肥方法采用穴施或沟施，穴或沟深度40cm左右，每株树3~4个（条）。

第2次在翌年4月中旬，30%左右的氮肥、30%左右的磷肥、20%左右的钾肥在此期施入，同时每亩施入15~20kg氧化钙。

第3次在翌年6月初，果实套袋前后进行，10%左右的氮肥、10%左右的磷肥、20%左右的钾肥在此期施入。

第4次在翌年7月下旬到8月中旬，根据降雨、树势和果实发育情况采取少量多次、前多后少的方法进行，10%左右的氮肥、10%左右的磷肥、20%左右的钾肥在此期施入。

第2~4次施肥方法采用放射沟施或条沟施，深度20cm左右，每株树4~6条沟。

4. 中微量元素叶面喷肥技术

落叶前喷施浓度为1%~7%的尿素、1%~6%的硫酸锌和

0.5%~2.0%硼砂，可连续喷2~3次，每隔7天1次，浓度前低后高。

开花期喷施浓度为0.3%~0.4%的硼砂，可连续喷2次。

缺铁果园新梢旺长期喷施浓度为0.1%~0.2%的柠檬酸铁，可连续喷2~3次。

果实套袋前喷施浓度为0.3%~0.4%的硼砂和0.2%~0.5%的硝酸钙，可连续喷3次。

二、注意事项

定期进行土壤和叶片养分分析，根据果园土壤养分和树体营养状况，调整施肥方案。

有灌溉条件的地区建议采用水肥一体化进行施肥，没有灌溉条件的地区可采用移动式施肥枪进行施肥。如果采用水肥一体化技术，化肥用量可酌情减少20%~30%。

该技术与果园覆盖、蜜蜂授粉和下垂果枝修剪等高产优质栽培技术相结合应用。

第六节　臭氧在农业生产中的应用

臭氧是氧气的同素异形体，在常温下，它是一种有特殊臭味的淡蓝色气体，因大气臭氧层的存在而广为人知。臭氧是一种强氧化剂和广谱高效杀菌剂，具有独特的腥臭味。臭氧在我国农业上的运用广泛，作为防治药害、虫害及环境污染的一个手段得以推广。由于农业中使用臭氧涉及诸多因子的复杂性，同样是臭氧，因浓度与处理方法的不同，对植物及生命体的影响也具有完全不同效果。

一、防治病虫害

臭氧在水中具有较高的溶解度，将臭氧通入水中后，可以分解水中的各种微生物，还可以破坏虫体的细胞壁。有关臭氧水的杀菌效果也有不少研究报道。臭氧和臭氧水安全、无毒、无污染，在农业生产中逐渐作为环境友好型的杀菌剂应用以替代一批有毒的化学药剂。

臭氧气体用于棚内植物能有效防治棚中番茄、香瓜和黄瓜的霜霉病及灰霉病等，并能去除茄子、菌类、花卉等的霉杂菌及蚜虫，还有促进生长的效果。

二、种子处理

将臭氧气体导入清水中并不断搅拌，10分钟后即制得臭氧溶液。将种子倒入其中浸泡15～20分钟，可杀灭种子表面的病毒、病菌及虫卵。另外，低浓度的处理可以促进种子发芽和生长。

三、园艺花卉营养液处理

用臭氧发生器制成臭氧水，用于大棚滴灌可驱除营养液中藻类，也可用于杀灭营养液病害。采用根部浸渍栽培时，臭氧浓度在 $0.1×10^{-6}$ 以上会对根部有损害，所以可在休闲期对营养液处理，或者以循环方式，即在营养液回流储存罐时注入臭氧的方式，杀菌效果好。

四、果蔬运输保鲜

果蔬在采摘后会产生乙烯，乙烯能催熟果蔬，但是也同时使得果蔬软化，使果肉变软腐烂，不利于储藏。由于臭氧具有很强的氧化能力，它能快速地将果蔬产生的乙烯氧化分解掉，抑制了果蔬的生理代谢活动，降低了果蔬成熟的速度，从而延长果蔬的保鲜时间。

五、大棚杀菌消毒

对温室大棚做杀菌消毒净化，通常使用熏棚法。随着人们生活水平的提高，对于绿色环保高效的食品保鲜剂的需求日益强烈，无公害、无污染的农产品市场需求量逐年递增，传统的化学保鲜剂越来越无法满足商业上的需求。臭氧作为保鲜剂，一方面能十分有效的杀灭微生物，并且抗菌谱广；另一方面，臭氧对果蔬本身的呼吸代谢过程也有抑制作用，其本身的代谢产物绿色无污染，制取和使用的成本也相对较低，在棚室消毒方面有着十分广阔的应用前景。

第六章 其他技术应用

第一节 农用植保无人机施药技术

一、技术概述

包括植保无人机的术语和定义、基本要求、施药前的技术要求、施药中的技术要求及施药后植保无人机的维护。本技术适用于植保无人机开展农作物病虫害施药作业。

（1）全自主飞行。植保无人机根据预先测绘的航线与设置的飞行参数一键起飞，实现全程无人控制的飞行。

（2）断点续喷。植保无人机具备的从上一次喷洒作业的航线中断点处，按照上一次设定的飞行航线及飞行参数继续完成作业的功能。

（3）随速（变量）喷雾。植保无人机具备的根据飞行速度自动调节喷液量的功能。通常飞行速度越快，单位时间内的喷液量越大。

（4）作业过程及数据可视化。植保无人机通过内置或外接传感设备连接云平台即时查看植保无人机的飞行轨迹、飞行速度、飞行高度、作业面积和单位面积喷液量等轨迹及数据的功能。作业数据应永久保留在云平台，并可随时通过云平台对已上传数据进行查看的功能。

二、基本要求

（1）植保无人机的配置要求。植保无人机应符合相关行业标准的规定，同时还应具备自主飞行、断点续喷、随速（变量）喷雾高精度定位、避障、作业过程及数据可视化等必备功能。

（2）作业人员。作业人员应进行相应培训并取得作业资质。作业人员不能在酒后及身体不适状态下操控，对农药有过敏情况者不能操控。

（3）作业区域。作业区域及周边应有适合植保无人机起落的场地和飞行航线。作业区域要设立明显的警示标志，禁止非作业人员进入。作业时应采取必要措施，避免对地面人员和财产造成危害。国家规定的禁飞区域周边或作业区域内有敏感作物的区域禁止飞行。作业区域及周边应避免有影响安全飞行的林木、高压线塔、电线及电杆等障碍物。

三、技术要点

1. 施药前的技术要求

（1）确定施药区域。施药前应根据被服务对象提供的地块地理信息精确划定作业区域。

（2）施药区域内靶标生物种类和受害程度的确定。施药前先进行田间靶标生物调查，确定病虫害种类及受害程度，制定适宜的防治方案。

（3）合理选择农药及剂型。宜优先使用飘移性较小的农药。应尽可能选择悬浮剂干悬剂、水乳剂、微乳剂和乳油等剂型的农药，不宜使用粉剂或可湿性粉剂等剂型的农药。

（4）适宜的施药时期。应在靶标生物的最佳防治时期施药。

（5）适宜的气象因素。准备施药时，应考虑气象条件的影响，先确定风向、风速，风速应在每秒≤3m（2级风）范围内。地面气温超过27℃时不允许施药。晴天中午，不可进行大田超低容量喷雾。施药后2小时内有阵雨，应根据农药使用说明书的规定，确定是否需要重新施药。其他气象因素如光照、相对湿度及雨露等条件在施药前也应充分考虑。

（6）植保无人机的检查和调试。每次飞行前应对植保无人机全部部件进行检查，保证处于正常工作状态，检查完毕后方可启动动力充电及添加燃油。电动多旋翼植保无人机每次使用前应充满电，油动单旋翼植保无人机应加足燃油和机油。

作业人员对植保无人机进行喷清水的模拟飞行。

（7）作业参数的确定。

施药液量：单位面积喷液量≥1.0L/亩。

助剂：按施药液量的0.3%～0.5%添加植保无人机专用助剂。

喷幅：实际作业中，应根据机型、飞行高度及靶标生物确定合理的喷幅。

飞行速度：飞行速度每秒1～5m。

飞行高度：飞行作业高度宜在作物冠层上方0.5～2.5m，也可根据机型确定适宜的飞行高度。

飞行路线：飞行路线要根据地块和风向确定，飞行路线方向应与风向成45°～90°角，严禁逆风喷洒农药。作业人员在上风方向。

（8）喷头的选择。应根据防治对象及作业要求选择适宜的喷头。通常对于雾滴分布均匀性要求较高的作业，应优先选择离心式喷头；对穿透性要求较高的作业，应优先选择压力式喷头。

（9）药液配制。应提前在配药箱内配制母液，然后加入药箱并混匀。配制药液当日用完，不可隔日应用，以防降低药效。

2. 施药中的技术要求

（1）飞行作业要求。

起降点的选择：植保无人机作业前应选好起降地点，起降地点要平，地面要实。

航程的确定：植保无人机作业时应提前确定飞行作业距离，1次飞行起落宜为1个往返航程。

飞行要求：植保无人机作业时应保持直线飞行，飞行高度应保持一致，航线偏离最宽距离不应超过10cm。

（2）飞行作业流程。作业前应在飞行区域四周设立安全警示标记，并通知施药区域邻近地块户主和居住在附近的居民，同时采取相应措施避免造成邻近敏感生物的药害、家畜中毒及对其他有益生物的伤害。

3. 施药后的管理与维护

（1）农药包装及残液处理。施药后的农药包装物要进行收集并交有关专业处理单位或原农药生产经营单位，统一进行无害化处理。未喷洒使用完的残液应用药瓶存放，不得随意喷洒，以防污染环境。

（2）清洁检查。每天施药完成，应用清水对药箱和喷头简单清洗；长期存放，应用碱水反复清洗再用清水清洗，并对植保无人机其他部件进行清洁保养。

（3）整理装备。作业完成后，应对植保无人机及配套装置进行整理与归类。

（4）电池充电与存放。电池的充电与使用应符合国家规定。作业完成后，应按要求分类整理电池，标注使用和未使用，并摆放到电池防爆箱内。长期不使用时，要电压保持3.8~3.9V，每隔1~2个月，进行1次完整充放电。

（5）存放。检查完毕后，应将植保无人机及配套设备安全运回存放地存放。存放地点要防火、防潮、防尘及防暴晒。

（6）机手安全防护。机手作业完毕，应及时更换工作服，及时清洗手和脸等裸露皮肤，用清水漱口。

4. 档案管理

作业人员使用遥控器或地面站系统操控植保无人机作业，并记录作业情况。完成作业后，应将作业记录汇总归档保存。

第二节　设施果菜熊蜂授粉技术

一、技术要点

1. 熊蜂入棚前的准备

熊蜂入棚前，棚室的通风口处必须安装防虫网，并检查棚膜的完整度，以防熊蜂外逃。

放蜂前，请不要使用对蜂有毒的农药，避免熊蜂中毒，造成蜂群损失。

当棚内作物开花数量达到 5% ~ 10% 即可使用熊蜂对作物进行授粉工作。

2. 蜂箱放置的方法

蜂箱放置地点需要通风，防潮和避免阳光直射，同时要注意蚂蚁对蜂箱的危害。蜂箱附近以温度 15 ~ 30℃，湿度 50% ~ 80% 为宜。

3. 蜂箱使用的方法

在开蜂巢门时请提前放置 1 小时，让熊蜂安静下来。熊蜂箱巢门是 1 个黄色的小闸板，需要用手推动来控制熊蜂的进出。拿到熊蜂授粉群时，巢门处于关闭状态，面对蜂箱，将 2 个黄色挡板向外掰开，这时闸板就可以左右滑动了。

注意：熊蜂性情温顺，但对酒精、香水、肥皂和亮蓝色物体较敏感。一般被熊蜂蜇后，蜇处常会肿起，并红痒，此时冷敷会缓解症状，如果过敏，建议遵医嘱服用抗过敏药物。

4. 检查熊蜂授粉情况

熊蜂给花朵授粉后会在花柱上留下棕色的印记（称为"吻痕"），这是识别熊蜂授粉的主要标记。建议放蜂后3天内及时检查熊蜂的授粉率。在秋冬季棚内70%左右的花带有此标记则授粉正常，春夏季80%的花带有此标记则授粉正常。

二、注意事项

在熊蜂使用期间尽量不要使用农药，如必须使用请做好以下工作：施药前4小时请将蜂巢的门设置为只进不出的状态来回收熊蜂，回收完毕将蜂箱转移到没有农药污染的适宜环境中。待药效间隔期结束，将蜂箱搬回原位置。

第三节 蔬菜水涝灾后生产管理技术

一、加快菜田排水进度

露地和棚室内积水时间过长，不仅易造成棚体垮塌，蔬菜也会因窒息、沤根而死亡。

积水菜田和设施，要抓紧清沟理墒，挖通排水沟渠，利用水泵、消防车等排出积水。

日光温室水淹后，即使室内无明水，也不可忽视排水问题。可在两排日光温室之间东西向挖深沟，并及时把渗入沟里的积水抽走，避免墙体损毁坍塌。

二、开展受损设施修建

灾情已得到控制的地方，要尽快评估设施受灾程度，确定是抢修加固还是拆除重建，拟定科学合理的修建技术方案，严格组织施工。

局部坍塌修复后仍可继续利用的设施，要及时采取更换受损支柱、钢架，以及采取"水泥桩+钢板"等措施修补墙体，加固棚体结构。

垮塌严重的棚体，特别是性能较差、安全隐患大的老旧棚室，维修成本高、难度大，要下决心拆除重建。

日光温室可采用空心砖、聚苯乙烯泡沫板+草砖等新型复合墙体、无立柱钢架结构，选用透光、消雾及保温性好的 PO 膜（高级烯烃复合物）和优质保温被，提高设施安全越冬生产水平。

受损严重的设施蔬菜园区，要做好高标准重建规划，做到水电路配套，要特别注重园区的排水一体化系统建设，加强园区重建的工程质量监管，确保重建后的园区更具有科技引领示范作用。

三、搞好存活蔬菜管理

露地或设施内尚存活的蔬菜，重点围绕提高土壤通透性和增强植株活力进行管理。

露地蔬菜排完水后，要在土壤适墒期及时中耕；灾后存活的棚室蔬菜，也要注意松土防板结，保证土壤疏松透气。

存活蔬菜的茎叶上如淤积大量泥浆，可采用喷淋法清洗。

夏季涝灾过后，蔬菜易发生根腐病、枯萎病、软腐病、炭疽病等病害，要及时喷施药剂防控。为防止后期死棵，可选用防治根腐病、枯萎病或软腐病的药剂进行灌根或冲施。

菜田积水排出后，应及时喷施 0.5% 尿素溶液、0.3% 磷酸二氢钾溶液、氨基酸和腐殖酸等叶面肥，保证蔬菜正常生长所需的营养供应。

后期管理中，适当增施微生物菌肥、寡聚糖、氨基酸等，其他按照正常管理。

四、田园清理和土壤处理

受灾较重，蔬菜恢复生长无望的地块，重点做好田园清理和土壤消毒处理。

田间积水排完，要尽快清理死棵、败叶和杂草，并集中填埋，保证田园清洁，防止病害传播。

在土壤适墒期利用田园管理机对土壤进行深翻、旋耕，破除土壤板结。结合土壤耕翻，使用棉隆、石灰氮等进行土壤消毒，杀灭土传病菌。

坚持土壤消毒和土壤修复并重，土壤消毒处理以后，增施枯草芽孢杆菌、生物菌肥或土壤改良剂等，优化土壤微生态系统。

土壤经过大水浸泡后，肥料容易流失，要注意适量增施基肥，以满足蔬菜正常生长养分需求。

五、适时合理换茬

针对露地和不同设施类型，以及栽培季节、土壤墒情和蔬菜生育期等情况，确定适宜的蔬菜种类、定植时间和栽培模式。

日光温室蔬菜生产应直接购买商品苗，不宜一家一户自己育苗。已经开始准备恢复生产的地方，要合理制定生产规划，有针对性地提前预订种苗。尽量选择种苗繁育规模大、信誉度高并且售后服务好的育苗企业。

重灾绝收的菜田和设施，可补种菠菜、油菜、生菜、香菜、小白菜等速生叶菜，以挽回部分经济损失。

六、科学播种定植

露地栽培速生叶菜，在土壤整平耙细的基础上，可选用小型蔬菜直播机械播种，提高播种质量和效率，降低劳动强度。

设施内定植果菜类蔬菜，宜起垄栽培，地膜覆盖，并配置水肥一体化设备。

七、强化安全生产

涝灾过后，容易发生次生灾害，一定要牢固树立安全生产意识，确保人身和财产安全。同时，还要强化绿色生产，保障产品质量安全。

菜农进入棚室进行农事操作时，一定要对墙体、骨架等进行检查，消除坍塌、松动等安全隐患，避免因棚体坍塌造成人身伤害。

水灾过后要检查电路，及时更换受损的电线、插座等，保证用电安全。仔细检修电动卷帘机、电动卷膜器等机械和设备，保证其安全运行。

涝灾过后病虫害容易加快加重发生，要大力推广应用病虫害绿色防控技术，保障蔬菜产品质量安全。

第四节　茄果类蔬菜贴接嫁接集约化育苗技术

一、技术要点

（一）番茄贴接嫁接集约化育苗技术

1. 育苗前准备

（1）育苗设施、设备。育苗设施以日光温室和连栋温室为主，配备育苗床、穴盘（砧木一般用 72 孔穴盘，接穗用 72 孔或 105 孔穴盘）、喷淋装置、升降温设备和加湿设备等。

（2）育苗场所及器具消毒。一般在育苗前 5 天完成。如果棚室内温度低于 10℃，要提前加温后再消毒。

育苗温室消毒可选用以下 2 种方法。

高锰酸钾+甲醛消毒法：每亩育苗室使用高锰酸钾 1.65kg、甲醛 1.65kg、开水 8.4kg，将甲醛加入开水中再加入高锰酸钾发生烟雾反应。封闭 48 小时消毒，待气味散尽后即可使用。

杀菌剂消毒法：每亩育苗室使用 300~400g 30%百菌清烟雾剂由里向外依次点燃后将门封闭，熏蒸杀菌。次日通风换气。

苗盘消毒可选用 40%甲基硫菌灵悬浮剂 1 000 倍液或高锰酸钾 800~1 000 倍液将苗盘浸泡 30 分钟后晾干备用。

2. 基质配质

育苗基质以草炭、蛭石和珍珠岩为主，一般配方为草炭：蛭石：珍珠岩=3：1：1（体积比），或草炭：蛭石=2：1。其理化性状符合蔬菜育苗基质行业标准要求。一般每立方米的混合基质加 50%多菌灵可湿性粉剂 0.2kg 调匀，再加水使其含水量达 50%左右。

3. 品种选择

（1）砧木品种选择。根据生产季节和栽培环境要求，砧木需选用嫁接亲和力强、与接穗共性好，且抗番茄根部病害、对接穗果实品质影响小的砧木品种。若在冬季定植，需兼顾砧木品种的耐寒性。

（2）接穗品种选择。应选择符合市场需求、适合栽培地气候条件、商品性好并且抗病性强的优质品种。

4. 播种

（1）种子处理。对于附着在种子表面的病原菌，一般采用种子消毒的方法能够收到良好的效果。种子消毒的具体方法有热水烫种和药剂浸种。

热水烫种：将干种子用洁净纱布包扎好，放在 55℃ 温水中浸种 10~15 分钟，不断搅拌至 30℃ 后，搓洗种子，再转入清洁水中浸泡 5~6 小时。

药剂浸种：用 0.1%~0.2% 高锰酸钾溶液浸种 20 分钟或用 50% 多菌灵可湿性粉剂 250~500 倍液浸种 2 小时。然后用清水将种子冲洗干净，再转入 30℃ 温水中浸泡 5~6 小时。

（2）装盘、压穴。将配好的基质装入穴盘中，用平板从穴盘的一端向另一端刮平，使每个穴孔均填满基质。用相应孔数的压穴器在穴盘中压好播种穴。一般穴深 0.5cm。

（3）播种。砧木种子与接穗种子同期播种。砧木播于 72 孔穴盘，接穗播于 72 孔或 105 孔穴盘。每穴孔播种 1 粒种子。播种后覆盖基质，一般用蛭石覆盖，高温季节时多采用珍珠岩覆盖。覆盖后再用平板刮平。将覆盖好的穴盘浇透水。

（4）催芽。将播种浇透水的育苗盘摞叠在一起，一般 8~10 个穴盘为一摞，其下垫空盘，以保持苗盘内的适宜湿度及通气条件，用地膜覆盖好，放入避光处催芽，催芽温度为 25~30℃，番茄一般 3~4 天即可出芽。催芽过程中，每天抽查穴盘 2 次，检查穴盘内湿度及种子的萌发情况。必要时调整穴盘位置。

5. 嫁接前的管理

（1）温湿度管理。番茄幼苗生长要求，白天 20~30℃ 为宜，最高温度不超过 35℃，夏季育苗应采用遮阳网、换气扇及水帘等措施进行降温；夜间温度 20~25℃ 为宜，冬季育苗夜温不低于 15℃，温度过低时应适当加温。空气相对湿度保持在 70%~80% 为宜，苗盘基质以"湿而不饱，干湿相间"为原则，补水时要均匀、喷透，时间宜在早晨或傍晚进行。

（2）水肥管理。出苗后至番茄子叶完全展开前只需喷清水，以保持基质湿润即可，高温天气喷水一般于早上进行，特别炎热的天气可根据基质湿度多喷几次清水。子叶完全展开后，可结合喷水，每2~3天喷施20-20-20通用型全营养水溶肥1 000倍液。在高温下喷肥后宜用清水冲洗叶面。

（3）挪盘。棚内各部位光照、温度有所差别，应适时挪盘，把长势弱的苗盘往温度高的地方挪，使棚内幼苗长势均匀一致。

6. 嫁接

（1）嫁接前准备。当砧木、接穗长到4叶1芯时，子叶与第1片真叶间茎粗0.3~0.4cm时即达到了嫁接的最佳时期。嫁接时所需要的用具主要有遮阳网、托盘、小喷壶、刀片、嫁接夹、清水、杀菌药剂、木板和板凳等。嫁接前1天用50%多菌灵可湿性粉剂800倍液喷砧木、接穗，并将幼苗浇透水。

（2）削切砧木。将砧木苗从苗床内拿出放在操作台上，在子叶和第1片真叶之间用刀片斜切一刀，削成30°~35°斜面，切口斜面长0.8~1.0cm，刀口位置应离基质5cm以上，以防接穗的气生根扎入基质中。

（3）削切接穗。接穗苗上面留2叶1心，将接穗苗的茎削切成30°~35°斜面，斜面的长度在0.8cm左右，切口大小尽量与砧木的接近。

（4）贴接。将削好的接穗苗切口与砧木苗的切口的形成层对准，贴合在一起。固定接口：切面对接好后，快速用嫁接夹子夹住嫁接部位，目前贴接法建议使用弧形夹口的嫁接夹。将嫁接苗盘整齐摆放在苗床上，盖好薄膜保湿，薄膜上方覆盖遮阳网遮光。有条件的育苗场所，可以将嫁接好的幼苗放在愈合室内愈合。

7. 嫁接苗愈合期管理

嫁接后 4~5 天要全部遮光，以后每天逐渐增加见光时间。嫁接后 6~7 天内，嫁接苗不得放风，保持 95% 以上的空气湿度。温度白天 20~26℃，夜间 16~20℃，防止温度过高和过低。在低温时期要用地热线等措施提高棚温，防止植株受到冻害。随着伤口的逐渐愈合，撤掉遮阳网，并揭开两侧塑料薄膜通风，开始时通风要小，逐渐加大。通风期间棚内要保持较高的空气湿度，地面要经常浇水，完全成活后转入正常管理。

8. 嫁接苗愈合后管理

嫁接苗不再萎蔫后，转入正常肥水管理。视天气状况，每 1~2 天浇 1 遍瑞莱 20-20-20 通用型全营养水溶肥 1 000 倍液，其中间隔冲施 2 次瑞莱 20-10-20 通用型全营养水溶肥 1 000 倍液，保持幼苗营养供应均衡。

嫁接苗成活后及时摘除砧木萌发的侧芽，待嫁接口愈合牢固后去掉嫁接夹。定植前 5~7 天开始炼苗。主要措施有加大通风、降低温度、减少水分供应、加大穴盘间距及增加光照时间和强度。出苗前喷施 1 遍杀菌剂。

（二）茄子贴接嫁接集约化育苗技术

1. 育苗材料与处理

（1）穴盘选择。茄子接穗育苗可选用 72 孔或 105 孔穴盘。砧木品种选用平盘催芽后再移栽至 72 孔穴盘。穴盘使用前用 40% 甲基硫菌灵悬浮剂 1 000 倍液或高锰酸钾 800~1 000 倍液将苗盘浸泡 30 分钟后晾干备用。

（2）基质配制。适合茄子壮苗生产的基质配方有草炭：珍珠岩 = 3∶1、草炭：蛭石：珍珠岩 = 3∶1∶1、腐熟金针菇渣：蛭石：珍珠岩 = 3∶1∶1，基质理化性状符合蔬菜育苗基质行业标准要求。一般每立方米的混合基质加入 50% 多菌灵可湿性粉剂

0.2kg 调匀，再加水使其含水量达 50% 左右。

2. 种子选用及处理

（1）选种要求。

接穗品种：有种子生产许可证、种子生产合格证和种子检疫证，确保种子质量；选用抗（耐）病、易坐果、优质丰产、抗逆性强并且商品性好的杂交一代种子，或者秧苗用户提供的种子。

砧木品种：砧木主要选择抗（耐）病性强、耐热、耐寒、耐盐、植株长势极强并且根系发达的品种（如赤茄、刺茄和托鲁巴姆等）。

（2）种子质量。要求种子质量符合国家标准中瓜菜作物种子茄果类要求。

（3）种子处理。砧木种子和接穗种子均可能携带病原菌，播种前对种子进行预处理，对于防治病害具有良好的效果，同时可以有效的提高种子活性。

a. 砧木（托鲁巴姆）种子处理：催芽剂处理。将种子袋内的催芽剂用 25mL 温水溶解后，把 5~10g 托鲁巴姆种子浸泡 48 小时，捞出后装入纱布袋中保湿（纱布和毛巾用手轻拧不淌水为宜）变温（20~30℃）催芽。每天翻动 1 次，并用清水冲洗 1 次，4~5 天开始出芽，50% 种子露白后开始播种。

赤霉酸处理。将赤霉酸配成 100~200mg/L 浓度的药液，用该药液浸泡托鲁巴姆种子 24 小时，然后用清水冲洗干净进行变温催芽，在变温、保湿条件下催芽，每天用凉水冲洗 1 次，4~5 天后开始出芽，50% 种子露白后开始播种。

b. 其他砧木及接穗种子处理：热水浸种。热水浸种前，先将种子放在常温水中浸 15 分钟，然后将种子投入 55~60℃ 的热水中烫种 15 分钟，水量为种子体积的 5~6 倍。烫种过程中要及时补充热水，使种子受热均匀。

药剂浸种。将已清水浸泡过的种子，用10%的磷酸三钠水溶液浸种20~30分钟，浸后用清水冲洗干净。

3. 播种

（1）播期确定。按照定植时间，根据不同品种砧木与接穗分开播种。赤茄、刺茄易发芽，苗期长得快，播种时间以当地自根茄苗时间向前推10~15天，出齐苗后开始播接穗种子；托鲁巴姆发芽慢，幼苗初期生长慢，播种时间以当地自根苗时间向前推30天，即真叶初现时播种接穗种子。

（2）装盘。根据确定的用种量装盘。装盘时用硬质刮板将基质轻刮到苗盘上，将苗盘堆满，再用刮板将多余的基质刮去，至穴盘格清晰可见。装好营养土的苗盘上下对齐重叠5~10层，并用地膜覆盖保持湿度。

（3）播种。托鲁巴姆种子小，可先播种在平盘中，长到3叶1心时移栽到穴盘中。其他砧木和接穗种子采用点播。每穴播种1粒，播种后均匀覆盖1层1cm左右厚的基质，将穴盘表面抚平，然后喷小水浇透。

（4）催芽。一般8~10个苗盘为1摞，其下垫空盘，以保持苗盘内的适宜湿度及通气条件，用地膜覆盖好，放入阴处催芽，催芽温度为白天25~30℃，夜间温度不低于15℃。茄子一般7~9天即可全苗。

（5）摆盘。经过催芽，种子萌发后即可将育苗盘摆放在育苗床上，然后喷1次小水，苗盘基质偏干燥的适量多喷，以保证出苗整齐。

4. 出苗前的管理

（1）温度。保持空间温度25~30℃。

（2）湿度。一般播种后喷透水，利于出苗整齐，至出苗前

砧木茎离基质 5cm 左右位置用刀片斜切一刀，削成 30°~35°斜面，切口斜面长 0.8~1.0cm。

（3）削切接穗。接穗苗上面留 2 叶 1 心，将接穗苗的茎在紧邻顶部第 3 片真叶处用刀片削切成 30°~35°斜面，斜面的长度在 0.8cm 左右，切口大小尽量与砧木的接近。

（4）贴接。将削好的接穗苗切口与砧木苗的切口的形成层对准，贴合在一起。若砧木茎粗大于接穗茎粗，须将削好的接穗苗切口与砧木苗的切口一侧的形成层对准即可。固定接口：切面对接好后，快速用嫁接夹子夹住嫁接部位。贴接嫁接法建议使用弧形夹口的嫁接夹，也可以使用平口的嫁接夹或套管固定嫁接部位。将嫁接苗盘整齐摆放在苗床上，盖好薄膜保湿，薄膜上方覆盖遮阳网遮光。有条件的育苗场所，可以将嫁接好的幼苗放在愈合室内愈合。

（5）嫁接后愈合管理。将嫁接好的苗盘放入愈合室内，做到愈合室内外不透气、不透光，严防阳光直射种苗引起接穗萎蔫。嫁接后的前 4 天全面遮阴（不通风、不见光），4 天后早晚适当见光，光照强度为 4 000~5 000lx。嫁接后 7 天棚内保持高温高湿，白天 25~28℃，夜间 20~22℃，相对空气湿度保持在 90%以上，有利于伤口愈合。7 天以后，清晨和傍晚开始小口通风排湿，逐步加大通风量和放风时间，但要保持较高的空气湿度，每天中午喷水 1~2 次，注意嫁接口愈合前勿将水喷至伤口，待 10~15 天嫁接苗不萎蔫完全成活以后，进入正常管理。

7. 嫁接苗伤口愈合后的管理

（1）光照管理。嫁接苗在愈合室内成活后，要转移到绿化温室内进行管理，1~3 天内遮光率在 75%以上，相对湿度达 80%以上，以后逐渐加大透光率和通风量，5~6 天当嫁接苗成活后完全透光。

（2）水分管理。苗盘干旱时要从苗盘底部浇小水，不要从上部喷水且水量不要高于嫁接口，以免影响伤口愈合。成苗后基质持水量达到 60%~70%，蹲苗期基质含水量降至 50%~60%；通过通风控制温度，调节湿度，培育壮苗。嫁接成活后逐渐加大通风量，逐步适应外界环境条件。

（3）挪盘。为使成苗整齐一致，尽量降低边行效应对秧苗的影响，可适时挪盘，把长势弱的苗盘往温度高的地方挪，使棚内种苗长势均匀一致。

（4）炼苗。定植前进行炼苗，在定植前 7~10 天加大通风量，对嫁接幼苗进行适应性锻炼，促使菜苗适应外部环境。

8. 病虫害防治

苗期常见病害为猝倒病、立枯病和茎基腐病等；常见害虫有菜青虫、小菜蛾、白粉虱、蚜虫和蓟马等。

（1）农业防治。育苗期间适时适量喷水，阴雨天尽量不喷水，以保持温室内较低的湿度。保持适宜的温度、湿度和光照，可预防苗期猝倒病、立枯病等苗期病害发生。

（2）物理防治。

设防虫网：将育苗设施所有通风口及进出口均设上 50 目的防虫网。

悬挂粘虫板：在育苗设施内苗床上方 50cm 处悬挂 25cm×40cm 的黄色粘虫板诱杀白粉虱和蚜虫等害虫，每亩悬挂 30~40 张。蓝色粘虫板主要针对蓟马，每亩悬挂 10~20 张。

（3）化学防治。合理混用、轮换交替使用不同作用机制的药剂，克服和推迟病、虫抗药性的产生。农药一般于 16:00 以后施用，施用的当天上午要喷 1 遍水，以防药害的发生。

立枯病、猝倒病：播种前使用 0.8% 精甲·嘧菌酯颗粒剂进行苗床拌土撒施。

灰霉病、早疫病：可选用 500g/L 氟吡菌酰胺·嘧霉胺悬浮剂 1 500 倍液或 50% 腐霉利·嘧霉胺水分散粒剂 1 500 倍液。防治期间注意几种药剂交替使用。

沤根：为生理性病害，注意控制苗床湿度及温度。

粉虱：可以选用 70% 吡虫啉 7 500 倍液或 25% 噻虫嗪水分散粒剂 2 000~4 000 倍液交替喷雾防治，兼治蚜虫。

蓟马：可选用 240g/L 虫螨腈悬浮剂 30mL/亩、10% 多杀霉素悬浮剂 20mL/亩或 0.5% 藜芦根茎提取物可溶液剂 80mL/亩交替喷雾防治。

红蜘蛛：可选用 0.5% 藜芦根茎提取物可溶液剂 140g/亩或 240g/L 虫螨腈悬浮剂 30mL/亩喷雾防治。注意交替用药防止抗性上升。

9. 茄子嫁接苗壮育标准

秧苗挺拔健壮，生长整齐；嫁接苗嫁接接口处愈合良好，嫁接口高度 8~10cm；砧木根系发达，保护完整，子叶健全、完整；接穗叶片具有 4 叶 1 心，叶片肥厚且舒展，叶色深绿带紫色，叶茸毛较多；嫁接苗节间短，茎粗 0.6~1.0cm，苗高 15cm 左右；门茄花蕾不现或少量现而未开放；无病虫害，无机械损伤。

10. 成苗包装、标识与运输

（1）包装。

短途运输：配备专用厢式运输车辆，车厢内应安装穴盘架，将穴盘苗直接放在穴盘架上进行运输。

长途运输：定制 56cm×27cm×30cm 的硬质防水纸箱，箱体应有通气孔，将穴盘苗放入箱内，码垛装车。

（2）标识。注明茄子品种名称、数量、生产单位及注意事项。

（3）运输条件。运输车内空气相对湿度宜保持 70% 左右，低温季节运输车内温度宜保持 5～15℃，高温季节运输车内宜保持 12～25℃。48 小时以上的运输，车内气温保持 5～10℃，秧苗出圃前宜适当控制浇水，并喷 75% 百菌清可湿性粉剂 1 000 倍液。

11. 生产档案

为了保证种苗质量的可追溯性，建立生产档案，记录育苗的每一步骤和过程，包括生产资料的使用情况、田间操作情况等内容，生产档案应保存 3 年以上。

（三）辣（甜）椒贴接嫁接集约化育苗技术

1. 育苗材料与处理

（1）穴盘选择。辣（甜）椒育苗接穗一般选用 72 孔或 105 孔穴盘。砧木品种选用 72 孔穴盘。穴盘使用前用 40% 甲基硫菌灵·福美双可湿性粉剂 1 000 倍液或高锰酸钾 800～1 000 倍液将苗盘浸泡 30 分钟后晾干备用。

（2）基质配制。适合辣（甜）椒壮苗生产的基质配方有草炭：珍珠岩＝3：1、草炭：蛭石：珍珠岩＝3：1：1、腐熟金针菇渣：蛭石：珍珠岩＝3：1：1，基质的理化性状符合蔬菜育苗基质行业标准要求。一般每立方米的混合基质加 0.2kg 50% 多菌灵可湿性粉剂调匀，再加水使其含水量达 50% 左右。

2. 种子选用及处理

（1）选种要求。

接穗品种：有种子生产许可证、种子生产合格证和种子检疫证，确保种子质量；选用抗（耐）病、易坐果、优质丰产、抗逆性强并且商品性好的杂交一代种子，或者秧苗用户提供的种子。

砧木品种：砧木主要选择抗（耐）病性强、耐热、耐寒、植株长势极强并且根系发达的辣（甜）椒品种或野生种。

（2）种子质量。种子质量符合国家标准中瓜菜作物种子茄果类要求。

（3）种子处理。砧木种子和接穗种子均可能携带病原菌，播种前对种子进行预处理，对于防治病害具有良好的效果，同时可以有效的提高种子活性。

热水浸种：热水浸种前，先将种子放在常温水中浸 15 分钟，然后将种子投入 55~60℃ 的热水中烫种 15 分钟，水量为种子体积的 5~6 倍。烫种过程中要及时补充热水，使种子受热均匀。

药剂浸种：将已清水浸泡过的种子，用 10% 的磷酸三钠水溶液浸种 20~30 分钟，浸后用清水冲洗干净。

3. 播种

（1）播期确定。按照定植时间确定播种期，夏季辣（甜）椒嫁接苗龄一般为 40~45 天，冬季辣（甜）椒嫁接苗龄为 50~55 天。

（2）装盘。根据确定的用种量装盘。装盘时用硬质刮板将基质轻刮到苗盘上，将苗盘堆满，再用刮板将多余的基质刮去，至穴盘格清晰可见。装好营养土的苗盘上下对齐重叠 5~10 层，并用地膜覆盖保持湿度。

（3）播种。砧木和接穗种子采用点播。每穴播种 1 粒，播种后均匀覆盖 1 层 1cm 左右厚的基质，将穴盘表面抚平，然后喷小水浇透。

（4）催芽。一般 8~10 个苗盘为一摞，其下垫空盘，以保持苗盘内的适宜湿度及通气条件，用地膜覆盖好，放入遮阴处催芽，催芽温度为白天 25~30℃，夜间温度不低于 15℃。辣（甜）椒一般 6~8 天即可全苗。

（5）摆盘。经过催芽，种子萌发后即可将育苗盘摆放在育苗床上，然后喷 1 次小水，苗盘基质偏干燥的适量多喷，以保证出苗整齐。

4. 出苗前的管理

（1）温度。保持空间温度 25~30℃。

（2）湿度。一般播种后喷透水，利于出苗整齐，至出苗前可不用喷水。观察空气相对湿度，调节育苗盘基质的干湿度，一般在空气相对湿度低于 85% 时需补水。

5. 出苗后幼苗的管理

（1）温湿度管理。辣（甜）椒和砧木幼苗生长适宜温度，白天 25~30℃，夜间 15~20℃，夏秋高温季节最高温度不超过35℃，温度过高时采用遮阳等措施适当降温；夜间温度 20~25℃，冬季夜间不低于 15℃，温度过低时应适当加温。苗盘基质含水量 65%~70%，以"湿而不饱，干湿相间"为原则，补水时要均匀、喷透，宜在上午或傍晚进行。

（2）水肥管理。出苗后至辣（甜）椒子叶完全展开前只需喷清水，以保持基质湿润即可。高温天气水分散失快，需要每天多喷，一般喷水于上午进行。当子叶完全展开后可结合喷水喷施叶面肥促进壮苗。浇灌后在高温下宜用清水冲洗叶面，以免水分蒸发后残余肥料对叶片造成损伤。

（3）株型调控。砧木长到 10cm 高时，进行适当控制基质湿度，促进砧木变粗，株高达到 15cm 左右时可进行嫁接；接穗生长到 3 叶时进行适当控制，促进接穗生长粗壮，4~5 叶 1 心时进行嫁接。可适时挪盘，把长势弱的苗盘往温度高的地方挪，使棚内幼苗长势均匀一致。

6. 嫁接

（1）嫁接前准备。当砧木和接穗长到 4~5 片叶、茎半木质化并且茎粗 0.4cm 左右开始嫁接。嫁接时所需要的用具主要有遮阳网、托盘、小喷壶、刀片、嫁接夹、清水、杀菌药剂、木板和板凳等。嫁接前 1 天用 50% 多菌灵可湿性粉剂 800 倍液喷砧木、接穗，并将幼苗浇透水。

（2）削切砧木。将砧木苗从苗床内拿出放在操作台上，在砧木茎离基质 5cm 左右位置用刀片斜切一刀，削成 30°~35° 斜面，切口斜面长 0.8~1.0cm。

（3）削切接穗。接穗苗上面留 2 叶 1 心，将接穗苗的茎在紧邻顶部第 3 片真叶处用刀片削切成 30°~35° 斜面，斜面的长度在 0.8cm 左右，切口大小尽量与砧木的接近。

（4）贴接。将削好的接穗苗切口与砧木苗的切口的形成层对准，贴合在一起。若砧木茎粗大于接穗茎粗，将削好的接穗苗切口与砧木苗的切口一侧的形成层对准即可。固定接口，切面对接好后，快速用嫁接夹子夹住嫁接部位。贴接嫁接法建议使用弧形夹口的嫁接夹，也可以使用平口的嫁接夹或套管固定嫁接部位。将嫁接苗盘整齐摆放在苗床上，盖好薄膜保湿，薄膜上方覆盖遮阳网遮光。有条件的育苗场所，可以将嫁接好的幼苗放在愈合室内愈合。

（5）嫁接后愈合管理。将嫁接好的苗盘放入愈合室内，做到愈合室内外不透气、不透光，严防阳光直射种苗引起接穗萎蔫。嫁接后的前 4 天全面遮阴（不通风，不见光），4 天后早晚适当见光，光照强度为 4 000~5 000lx。嫁接后 7 天棚内保持高温高湿，白天 25~28℃，夜间 20~22℃，空气相对湿度保持在 90% 以上，有利于伤口愈合。7 天以后，清晨和傍晚开始小口通风排湿，逐步加大通风量和放风时间，但要保持较高的空气相对湿度，每天中午喷水 1~2 次，注意嫁接口愈合前勿将水喷至伤口，待 10~15 天嫁接苗不萎蔫完全成活以后，进入正常管理。

7. 嫁接苗伤口愈合后的管理

（1）光照管理。嫁接苗在愈合室内成活后，要转移到绿化温室内进行管理，1～3天内遮光率在75%以上，相对湿度达80%以上，以后逐渐加大透光率和通风量，5～6天当嫁接苗成活后完全透光。

（2）水分管理。苗盘干旱时要从苗盘底部浇小水，不要从上部喷水且水量不要高于嫁接口，以免影响伤口愈合。成苗后基质持水量达到60%～70%，蹲苗期基质含水量降至50%～60%；通过通风控制温度，调节湿度，培育壮苗。嫁接成活后逐渐加大通风量，逐步适应外界环境条件。

（3）挪盘。为使成苗整齐一致，尽量降低边行效应对秧苗的影响，可适时挪盘，把长势弱的苗盘往温度高的地方挪，使棚内种苗长势均匀一致。

（4）炼苗。定植前进行炼苗，在定植前7～10天加大通风量，对嫁接幼苗进行适应性锻炼，促使菜苗适应外部环境。

8. 病虫害防治

苗期常见病害为猝倒病、立枯病和茎基腐病等；常见害虫有菜青虫、小菜蛾、白粉虱、蚜虫和蓟马等。

（1）农业防治。育苗期间适时适量喷水，阴雨天尽量不喷水，以保持温室内较低的湿度。保持适宜的温度、湿度和光照，可预防苗期猝倒病、立枯病等苗期病害发生。

（2）物理防治。

设防虫网：将育苗设施所有通风口及进出口均设上50目的防虫网防虫。

悬挂粘虫板：在育苗设施内苗床上方50cm处悬挂25cm×40cm的黄色粘虫板诱杀白粉虱和蚜虫等害虫，每亩悬挂30～40张。蓝色粘虫板主要针对蓟马，每亩悬挂10～20张。

（3）化学防治。合理混用、轮换交替使用不同作用机制的药剂，克服和推迟病、虫抗药性的产生。农药一般于 16: 00 以后施用，施用的当天上午要喷 1 次水，以防药害的发生。

立枯病和猝倒病：防治选用 0.6% 精甲·噁霉灵颗粒剂于辣椒播种后撒施 1 次，5kg/亩，或泼浇 24% 井冈霉素 A 水剂 0.5mL/m²。

早疫病：可选用 50% 异菌脲可湿性粉剂 1 500 倍液，防治立枯病，兼治早疫病，或用 80% 代森锰锌可湿性粉剂防治疫病，对早疫病也有预防效果。防治期间注意几种药剂交替使用。

沤根：为生理性病害，注意控制苗床湿度及温度。

粉虱：可以选用 25% 噻虫嗪水分散粒剂 2 000~4 000 倍液、10% 溴氰虫酰胺悬浮剂 50mL/亩交替喷雾防治。

蚜虫和蓟马：可选用 10% 溴氰虫酰胺悬浮剂 50mL/亩、1.5% 苦参碱可溶液剂 40mL/亩交替喷雾防治。

红蜘蛛：可选用 2% 阿维菌素乳油 3 000 倍液，或用 5% 阿维·哒螨灵乳油 1 500~2 000 倍液均匀喷雾防治，或用 240g 螨危悬浮剂 6 000 倍液，或用 5% 唑螨酯悬浮剂 1 000~1 500 倍液，或用 10% 联苯菊酯乳油 2 000 倍液喷雾防治。注意交替用药防止抗性上升。

9. 壮育标准

辣（甜）椒壮苗的标准是植株挺拔健壮，苗高 15~20cm；节间长 2~4cm，茎粗 0.4~0.5cm；单株可见真叶 6~8 片，叶片舒展，肥厚，叶色绿，有光泽；根系发达，侧根多；门椒花蕾不现或少量现而未开放；无病虫害，无机械损伤。

10. 成苗包装、标识与运输

（1）包装。

短途运输：配备专用厢式运输车辆，车厢内应安装穴盘架，将穴盘苗直接放在穴盘架上进行运输。

长途运输：定制 56cm×27cm×30cm 的硬质防水纸箱，箱体应有通气孔，将穴盘苗放入箱内，码垛装车。

（2）标识。注明辣（甜）椒品种名称、数量、生产单位及注意事项。

（3）运输条件。运输车内空气相对湿度宜保持 70% 左右，低温季节运输车内温度宜保持 5～15℃，高温季节运输车内宜保持 12～25℃。48 小时以上的运输，车内气温保持 5～10℃，秧苗出圃前适当控制浇水，并喷 75% 百菌清可湿性粉剂 1 000 倍液。

11. 生产档案

为了保证种苗质量的可追溯性，建立生产档案，记录育苗的每一步骤和过程，包括生产资料的使用情况和田间操作情况等内容，生产档案应保存 3 年以上。

二、注意事项

在使用本技术的过程中注意按照茄果类蔬菜贴接嫁接集约化育苗技术规程操作，尤其注意保持好嫁接苗愈合期的温度，保证嫁接成活率。

第五节　黄粉虫养殖

目前许多国家将人工饲养昆虫作为解决蛋白质饲料来源的主攻方向。黄粉虫是我国最先实现工厂化饲养的昆虫之一。黄粉虫养殖具有"六节"即节地、节粮、节水、节能源、节空间和节人力的特点。地区适应性广。

一、黄粉虫养殖技术

（一）黄粉虫饲料来源

黄粉虫是一种腐食性昆虫，饲料源非常广，可以是农业废弃物、餐后的剩菜剩饭、厨房内的尾菜、瓜皮及果皮等，通过简单加工处理，就可以作为饲料，进行黄粉虫喂养。

（二）黄粉虫养殖技术

黄粉虫养殖分为成虫期、卵期、幼虫期、蛹期4个时期，下面对不同时期的黄粉虫分别进行了介绍。

1. 成虫期

蛹羽化成虫的过程3~7天，头、胸、足、翅先羽出，腹、尾后羽出。因为是同步挑蛹羽化，所以几天内可全部完成羽化，刚羽化的成虫很稚嫩，不大活动，约5天后体色变深，鞘翅变硬。雄雌成虫群集交尾时一般都在暗处，交尾时间较长，产卵时雌虫尾部插在筛孔中产出，这个时期最好不要随意搅动。发现筛盘底部附着一层卵粒时，就可以换盘。这时将成虫筛卵后放在盛有饲料的另一盘中，拨出死虫。5~7天换1次卵盘。成虫存活期在50天左右，产卵期的成虫需要大量的营养和水分，所以必须及时添加麦麸子和菜叶，也可增加点鱼粉。若营养不足，成虫间会互相咬杀，造成损失。

成虫需镶入铁丝网，网的孔以成虫不能钻入为度，箱内四侧加镶防滑材料，以防逃出。铁丝网下垫一张纸或木板，再撒入1cm的混合料，盖菜叶保湿，最后将孵化的成虫放入，准备产卵。之后每隔7天将产卵箱底下的板或纸连同麦麸一起抽出，放入幼虫箱内待孵化。

2. 卵期

成虫产卵在盛有饲料的木盘中，将换下盛卵的木盘上架，即可自然孵化出幼虫，要注意观察，不宜翻动，防止损伤卵粒或伤害正在孵化中的幼虫。当饲料表层出现幼虫皮时，1龄虫已经诞生了。

3. 幼虫期

卵孵化到幼虫，化蛹前这段时间称为幼虫期，而各龄幼虫都是中国林蛙最好的饲料。

成虫产卵的盘，孵化7~9天后，待虫体蜕皮体长达0.5cm以上时，再添加饲料。每个木盘中放幼虫1kg，密度不宜过大，防止因饲料不足，虫体活动挤压而相互咬杀，要随着幼虫的逐渐长大，及时分盘。

饲料是栖身之地，因此饲料要保持自然温度。在正常情况下，当温度较高时，幼虫多在饲料表层活动，温度较低时，则钻进下层栖身。木盘中饲料的厚度在5cm以内，当饲料逐渐减少时，再用筛子筛掉虫粪，添加新饲料。1~2龄幼虫筛粪，要选用60目筛网，防止幼虫从筛孔漏掉。要先准备好盛放新饲料的木盘，边筛边将筛好的净幼虫放入木盘上架。

黄粉虫幼虫生长要突破外皮（蜕皮），经过一次次蜕皮才能长大。幼虫期要蜕7次皮，每蜕1次皮，虫体长大，幼虫长1龄。平均9天蜕1次皮。幼虫蜕皮时，表皮先从胸背缝裂开，头、胸、足部，然后腹、尾渐渐蜕出。幼虫蜕皮一般都在饲料表层，蜕皮后又钻进饲料中，刚蜕皮的幼虫是乳白色，表皮细嫩。

用长60cm×宽40cm×高13cm的木箱，放入3~5倍于虫重的混合饲料，将幼虫放入，再盖以各种菜叶等以保持适宜的温度。待饲料基本吃光后，将虫粪筛出，再添新料。如需要留种，则要减少幼虫的密度，一般1箱不超过250g。前几批幼虫化的蛹要及时拣出，以免被伤害，后期则不必拣蛹。

4. 蛹期

幼虫在饲料表层化蛹。在化蛹前幼虫爬到饲料表层，静卧后虫体慢慢伸缩，在蜕最后一次皮过程中完成化蛹。化蛹可在几秒钟之内结束。刚化成的蛹为白黄色，蛹体稍长，腹节蠕动，逐渐蛹体缩短，变成暗黄色。

幼虫个体间均有差异，表现在化蛹时间的先后，个体能力的强弱。刚化成蛹与幼虫混在一个木盘中生活，蛹容易被幼虫咬伤胸、腹部，吃掉内脏而成为空壳；有的蛹在化蛹过程中受病毒感染，化蛹后成为死蛹，这需要经常检查，发现这种情况可用5%~10%漂白粉溶液喷雾生活空间，以消毒灭菌；同时将死蛹及时挑出处理掉。挑蛹时将在 2 天内化的蛹放在盛有饲料的同一筛盘中，坚持同步繁殖，集中羽化为成虫。

用幼虫饲养箱撒以麦麸，盖上适量菜叶，将蛹放入待羽化。

5. 黄粉虫的生物学特性

（1）生殖习性。黄粉虫成虫期才具有生殖能力，雌雄虫比例为 1 : 1.05。寿命最短 2 天，最长 196 天，平均 51 天。羽化后3~4 天即开始交配、产卵。产卵期平均 22~130 天，但 80% 以上的卵在 1 个月内产出。雌虫平均产卵量 276 粒，饲料质量影响产卵量。

（2）运动习性。成虫后翅退化，不能飞行。成虫、幼虫均靠爬行运动，极活泼。为防其爬逃，饲虫盒内壁应尽可能光滑。

（3）群居性和自相残杀习性。黄粉虫喜群居，便于高密度饲养，最佳饲养密度为每平方米 6 000~7 000 头老龄幼虫或成虫。自相残杀习性是指成虫吃卵、咬食幼虫和蛹，高龄幼虫咬食低龄幼虫或蛹的现象。自残影响产虫量，此现象发生于饲养密度过高，特别是成虫和幼虫不同龄期混养更为严重。

（4）黄粉虫对光的反应。黄粉虫长期适应黑暗环境生活，怕光，夜间活动较多。因此黄粉虫适合多层分盘饲养，以充分利用空间。

6. 厂房及设施

（1）饲养房。养殖黄粉虫必须有饲养房，饲养房要透光、通风，冬季要取暖保温。饲养房的大小，可视其养殖黄粉虫的多少而定。一般情况下每间饲养房 20m²，1 间房能养 300~500 盘。

（2）木盘。饲养黄粉虫的木盘为抽屉状，一般是长方形，规格是长 50cm×宽 40cm×高 8cm。板厚 1.5cm，底部用纤维板钉好。筛盘，也是长方形，它要放在木盘中，规格是长 45cm×宽 35cm×高 6cm×板厚 1.5cm，底部 12 目铁筛网用三合板条钉好。制作饲养盘的木料最好是软杂木，而且没有异味。为了防止虫往外爬，要在饲养盘的框边贴好塑料胶条。

（3）木架。摆放饲养盘的木架根据饲养量和饲养盘数的多少来制作，用方木将木架连接起来固定好，防止歪斜或倾倒。然后就可以按顺序把饲养盘排放上架。

（4）筛盘。筛盘和筛子用粗细不同的铁筛网：12 目大孔的可以筛虫卵；30 目中孔的可以筛虫粪；60 目的小孔筛网可以筛 1~2 龄幼虫。

（5）温度和湿度。饲养房内部要求冬夏温度都要保持在 15~25℃。低于 10℃ 虫不食也不生长，超过 30℃ 虫体发热会烧死。空气相对湿度要保持在 60%~70%，地面不宜过湿，冬季要取暖，如冬季不养可自然越冬。夏季要通风。室内备有温度计和湿度计。

二、黄粉虫工厂化规模生产及其对尾菜的过腹转化处理

（一）良种选育

在任何养殖业或种植业中，品种对生产的效应都是巨大的。

在饲养生产的初始阶段，应直接选择专业化培育的优质品种，山东农业大学昆虫研究所现已培育出 GH-1、GH-2 和 HH-1 等品种，分别适宜于不同地区、不同饲料主料，可选择性推广应用。

优良品种的繁殖应与生产繁殖分开，优良品种的繁殖温度应保持在 24~30℃，空气相对湿度保持在 60%~70%。优良品种的成虫饲料应营养丰富，蛋白质、维生素和无机盐要充足，必要时可加入蜂王浆。

（二）饲养管理

1. 虫卵的收集与孵化

在标准饲养盘底部附衬 1 张稍薄的白纸，上铺 2cm 厚饲料，每盆中投放 2 000 只（1 000 雌：1 000 雄）成虫，成虫将卵均匀产于产卵纸上，每张纸上可产 5 000~15 000 粒卵，2 天取出 1 次，即制作成卵卡纸。

将卵卡纸另置于标准饲养盘中，上面覆盖 1cm 厚麸皮，置于孵化箱中，1 周后取出，进入生产车间。

2. 虫蛹的收集与羽化

由于工厂化规模生产要求自卵卡纸取放之日起尽量保持时间的一致，所以各虫态发育进度基本一致，化蛹也比较一致。待老熟幼虫达 80% 的蛹化率时，即在标准盘中加覆一层新鲜饲料后将其置于羽化箱中，7~10 天后取出培育成虫产卵。中间可隔 2~3 天检查 1 次。

3. 饲养种群密度

黄粉虫为群居性昆虫，若种群密度过小，直接影响虫体活动和取食，不能保证平均产量与总产量；密度过大则互相摩擦生热，且自相残杀概率提高，增加了死亡率。所以，幼虫的密度一般保持在每盘 60 000 条左右。幼虫越大相对密度应越小，室温高，空气相对湿度大，密度也应小一些。成虫密度一般在

4 000 条/盘左右。

4. 管理注意事项

黄粉虫在饲养过程中易受老鼠、壁虎和蚂蚁的伤害，尤以鼠害和蚁害较严重，应加以预防。室内严禁放置农药。应及时清除死亡虫尸，以免霉烂变质导致流行病发生。严禁在饲料中积水或于饲料盘中见水珠。

(三) 黄粉虫工厂化规模生产工艺流程

黄粉虫各虫态适温为 25～30℃，空气相对湿度 75%～85%。幼虫在 0℃ 以上可安全越冬。10～15℃ 即可活动取食，但代谢过程缓慢。25～30℃ 时，食量增多，活动增强。低于 0℃ 或高于 37℃ 则有被冻死或热死的可能。成虫寿命一般为 20～100 天，成虫羽化后 4～5 天，开始交配产卵，一生中多次交配，多次产卵，每次产卵 5～15 粒，最多 30 粒，每个雌虫一生可产卵 30～350 粒。卵的孵化时间随温度高低有很大差异，在 10～20℃ 时，需 20～25 天孵出，25～30℃ 时只需 3～7 天即可孵出。幼虫经 8 次蜕皮化蛹，蛹期时间较长，温度 10～20℃ 时，15～20 天可羽化；25～30℃ 时，6～8 天可羽化。黄粉虫在繁殖期雌雄比一般为 1:1。成虫一般交配多次。在此期间需要补充较好的营养，提供一个黑暗而宽松的环境，种群密度不宜过大。雌虫产卵时可以用纱网隔离，以防成虫取食卵块。黄粉虫饲养过程中的小生态环境也十分重要。幼虫间运动互相摩擦生热，可使其局部温度升高 2～3℃，所以在饲养时，室温超过 30℃，应减小饲养种群密度，以防局部温度过高而造成死亡或疾病。

三、黄粉虫过腹转化处理尾菜生产技术方案

以废弃菜叶为饲料大量养殖黄粉虫，利用黄粉虫为原料开发新产品 (有机肥、蛋白粉、虫油等)。技术线路如图 6-1 所示。

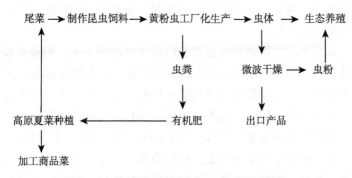

图6-1 黄粉虫过腹转化处理尾菜技术路线

1. 黄粉虫饲养及加工

尾菜→饲喂黄粉虫→成熟幼虫→筛杂→微波干燥→分拣→包装。

将成熟的黄粉幼虫连虫盘一起倒入筛选机内将虫粪、杂质筛干净，挑拣死虫及未成熟小虫，未成熟小虫放入饲养盘内继续饲养，将符合要求的黄粉虫放入微波干燥机杀菌干燥后筛除不符合要求的半截虫，包装后即为成品。

2. 尾菜干燥

尾菜整理→臭氧脱农残→切菜→烘干→配料→压制颗粒→储存待用。

将部分尾菜干制，作为没有鲜菜时期黄粉虫及生态鸡储备粮。

3. 尾菜饲料加工

干菜、虫粉、玉米粉、麸皮和食盐等按照国家有关标准配制全价饲料。

四、黄粉虫产品的用途

黄粉虫是高蛋白的鲜活饲料，其蛋白质含量51%，脂肪含量高达29%。通过工厂化生产，可提供大量优质动物性蛋白质，促进养殖业的发展。

黄粉虫脱脂提油后的虫粉蛋白质含量达到70%，再经提取壳聚糖（甲壳素），可高达80%的蛋白质含量，不但能够替代进口优质鱼粉，而且是特种养殖的鲜活饲料，也可作为人类摄入高蛋白的美味食品。同时，黄粉虫提取物还具有较高的药用价值。

黄粉虫粪便含氮3.37%，磷1.04%，钾1.4%，并含锌、硼、锰、镁、铜等7种微量元素，有机质82%，是一种高效优质的生物有机肥料。此外，虫粪还可作为猪饲料成分，饲喂效果良好。

附录　法律法规

附录一　农作物病虫害防治条例

(2020年3月17日国务院第86次常务会议通过，
2020年3月26日中华人民共和国国务院令第725号公布，
自2020年5月1日起施行)。

第一章　总　　则

第一条　为了防治农作物病虫害，保障国家粮食安全和农产品质量安全，保护生态环境，促进农业可持续发展，制定本条例。

第二条　本条例所称农作物病虫害防治，是指对危害农作物及其产品的病、虫、草、鼠等有害生物的监测与预报、预防与控制、应急处置等防治活动及其监督管理。

第三条　农作物病虫害防治实行预防为主、综合防治的方针，坚持政府主导、属地负责、分类管理、科技支撑、绿色防控。

第四条　根据农作物病虫害的特点及其对农业生产的危害程度，将农作物病虫害分为下列三类：

（一）一类农作物病虫害，是指常年发生面积特别大或者可能给农业生产造成特别重大损失的农作物病虫害，其名录由国务院农业农村主管部门制定、公布；

（二）二类农作物病虫害，是指常年发生面积大或者可能给农业生产造成重大损失的农作物病虫害，其名录由省、自治区、直辖市人民政府农业农村主管部门制定、公布，并报国务院农业农村主管部门备案；

（三）三类农作物病虫害，是指一类农作物病虫害和二类农作物病虫害以外的其他农作物病虫害。

新发现的农作物病虫害可能给农业生产造成重大或者特别重大损失的，在确定其分类前，按照一类农作物病虫害管理。

第五条　县级以上人民政府应当加强对农作物病虫害防治工作的组织领导，将防治工作经费纳入本级政府预算。

第六条　国务院农业农村主管部门负责全国农作物病虫害防治的监督管理工作。县级以上地方人民政府农业农村主管部门负责本行政区域农作物病虫害防治的监督管理工作。

县级以上人民政府其他有关部门按照职责分工，做好农作物病虫害防治相关工作。

乡镇人民政府应当协助上级人民政府有关部门做好本行政区域农作物病虫害防治宣传、动员、组织等工作。

第七条　县级以上人民政府农业农村主管部门组织植物保护工作机构开展农作物病虫害防治有关技术工作。

第八条　农业生产经营者等有关单位和个人应当做好生产经营范围内的农作物病虫害防治工作，并对各级人民政府及有关部门开展的防治工作予以配合。

农村集体经济组织、村民委员会应当配合各级人民政府及有关部门做好农作物病虫害防治工作。

第九条　国家鼓励和支持开展农作物病虫害防治科技创新、成果转化和依法推广应用，普及应用信息技术、生物技术，推进农作物病虫害防治的智能化、专业化、绿色化。

国家鼓励和支持农作物病虫害防治国际合作与交流。

第十条　国家鼓励和支持使用生态治理、健康栽培、生物防治、物理防治等绿色防控技术和先进施药机械以及安全、高效、经济的农药。

第十一条　对在农作物病虫害防治工作中作出突出贡献的单位和个人，按照国家有关规定予以表彰。

第二章　监测与预报

第十二条　国家建立农作物病虫害监测制度。国务院农业农村主管部门负责编制全国农作物病虫害监测网络建设规划并组织实施。省、自治区、直辖市人民政府农业农村主管部门负责编制本行政区域农作物病虫害监测网络建设规划并组织实施。

县级以上人民政府农业农村主管部门应当加强对农作物病虫害监测网络的管理。

第十三条　任何单位和个人不得侵占、损毁、拆除、擅自移动农作物病虫害监测设施设备，或者以其他方式妨害农作物病虫害监测设施设备正常运行。

新建、改建、扩建建设工程应当避开农作物病虫害监测设施设备；确实无法避开、需要拆除农作物病虫害监测设施设备的，应当由县级以上人民政府农业农村主管部门按照有关技术要求组织迁建，迁建费用由建设单位承担。

农作物病虫害监测设施设备毁损的，县级以上人民政府农业农村主管部门应当及时组织修复或者重新建设。

第十四条　县级以上人民政府农业农村主管部门应当组织开展农作物病虫害监测。农作物病虫害监测包括下列内容：

（一）农作物病虫害发生的种类、时间、范围、程度；

（二）害虫主要天敌种类、分布与种群消长情况；

（三）影响农作物病虫害发生的田间气候；

（四）其他需要监测的内容。

农作物病虫害监测技术规范由省级以上人民政府农业农村主管部门制定。

农业生产经营者等有关单位和个人应当配合做好农作物病虫害监测。

第十五条 县级以上地方人民政府农业农村主管部门应当按照国务院农业农村主管部门的规定及时向上级人民政府农业农村主管部门报告农作物病虫害监测信息。

任何单位和个人不得瞒报、谎报农作物病虫害监测信息，不得授意他人编造虚假信息，不得阻挠他人如实报告。

第十六条 县级以上人民政府农业农村主管部门应当在综合分析监测结果的基础上，按照国务院农业农村主管部门的规定发布农作物病虫害预报，其他组织和个人不得向社会发布农作物病虫害预报。

农作物病虫害预报包括农作物病虫害发生以及可能发生的种类、时间、范围、程度以及预防控制措施等内容。

第十七条 境外组织和个人不得在我国境内开展农作物病虫害监测活动。确需开展的，应当由省级以上人民政府农业农村主管部门组织境内有关单位与其联合进行，并遵守有关法律、法规的规定。

任何单位和个人不得擅自向境外组织和个人提供未发布的农作物病虫害监测信息。

第三章　预防与控制

第十八条 国务院农业农村主管部门组织制定全国农作物病

虫害预防控制方案，县级以上地方人民政府农业农村主管部门组织制定本行政区域农作物病虫害预防控制方案。

农作物病虫害预防控制方案根据农业生产情况、气候条件、农作物病虫害常年发生情况、监测预报情况以及发生趋势等因素制定，其内容包括预防控制目标、重点区域、防治阈值、预防控制措施和保障措施等方面。

第十九条　县级以上人民政府农业农村主管部门应当健全农作物病虫害防治体系，并组织开展农作物病虫害抗药性监测评估，为农业生产经营者提供农作物病虫害预防控制技术培训、指导、服务。

国家鼓励和支持科研单位、有关院校、农民专业合作社、企业、行业协会等单位和个人研究、依法推广绿色防控技术。

对在农作物病虫害防治工作中接触有毒有害物质的人员，有关单位应当组织做好安全防护，并按照国家有关规定发放津贴补贴。

第二十条　县级以上人民政府农业农村主管部门应当在农作物病虫害孳生地、源头区组织开展作物改种、植被改造、环境整治等生态治理工作，调整种植结构，防止农作物病虫害孳生和蔓延。

第二十一条　县级以上人民政府农业农村主管部门应当指导农业生产经营者选用抗病、抗虫品种，采用包衣、拌种、消毒等种子处理措施，采取合理轮作、深耕除草、覆盖除草、土壤消毒、清除农作物病残体等健康栽培管理措施，预防农作物病虫害。

第二十二条　从事农作物病虫害研究、饲养、繁殖、运输、展览等活动的，应当采取措施防止其逃逸、扩散。

第二十三条　农作物病虫害发生时，农业生产经营者等有关

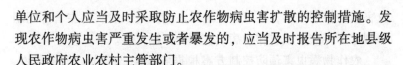

单位和个人应当及时采取防止农作物病虫害扩散的控制措施。发现农作物病虫害严重发生或者暴发的，应当及时报告所在地县级人民政府农业农村主管部门。

第二十四条　有关单位和个人开展农作物病虫害防治使用农药时，应当遵守农药安全、合理使用制度，严格按照农药标签或者说明书使用农药。

农田除草时，应当防止除草剂危害当季和后茬作物；农田灭鼠时，应当防止杀鼠剂危害人畜安全。

第二十五条　农作物病虫害严重发生时，县级以上地方人民政府农业农村主管部门应当按照农作物病虫害预防控制方案以及监测预报情况，及时组织、指导农业生产经营者、专业化病虫害防治服务组织等有关单位和个人采取统防统治等控制措施。

一类农作物病虫害严重发生时，国务院农业农村主管部门应当对控制工作进行综合协调、指导。二类、三类农作物病虫害严重发生时，省、自治区、直辖市人民政府农业农村主管部门应当对控制工作进行综合协调、指导。

国有荒地上发生的农作物病虫害由县级以上地方人民政府组织控制。

第二十六条　农田鼠害严重发生时，县级以上地方人民政府应当组织采取统一灭鼠措施。

第二十七条　县级以上地方人民政府农业农村主管部门应当组织做好农作物病虫害灾情调查汇总工作，将灾情信息及时报告本级人民政府和上一级人民政府农业农村主管部门，并抄送同级人民政府应急管理部门。

农作物病虫害灾情信息由县级以上人民政府农业农村主管部门商同级人民政府应急管理部门发布，其他组织和个人不得向社会发布。

第二十八条 国家鼓励和支持保险机构开展农作物病虫害防治相关保险业务，鼓励和支持农业生产经营者等有关单位和个人参加保险。

第四章 应急处置

第二十九条 国务院农业农村主管部门应当建立农作物病虫害防治应急响应和处置机制，制定应急预案。

县级以上地方人民政府及其有关部门应当根据本行政区域农作物病虫害应急处置需要，组织制定应急预案，开展应急业务培训和演练，储备必要的应急物资。

第三十条 农作物病虫害暴发时，县级以上地方人民政府应当立即启动应急响应，采取下列措施：

（一）划定应急处置的范围和面积；

（二）组织和调集应急处置队伍；

（三）启用应急备用药剂、机械等物资；

（四）组织应急处置行动。

第三十一条 县级以上地方人民政府有关部门应当在各自职责范围内做好农作物病虫害应急处置工作。

公安、交通运输等主管部门应当为应急处置所需物资的调度、运输提供便利条件，民用航空主管部门应当为应急处置航空作业提供优先保障，气象主管机构应当为应急处置提供气象信息服务。

第三十二条 农作物病虫害应急处置期间，县级以上地方人民政府可以根据需要依法调集必需的物资、运输工具以及相关设施设备。应急处置结束后，应当及时归还并对毁损、灭失的给予补偿。

第五章 专业化服务

第三十三条 国家通过政府购买服务等方式鼓励和扶持专业化病虫害防治服务组织，鼓励专业化病虫害防治服务组织使用绿色防控技术。

县级以上人民政府农业农村主管部门应当加强对专业化病虫害防治服务组织的规范和管理，并为专业化病虫害防治服务组织提供技术培训、指导、服务。

第三十四条 专业化病虫害防治服务组织应当具备相应的设施设备、技术人员、田间作业人员以及规范的管理制度。

依照有关法律、行政法规需要办理登记的专业化病虫害防治服务组织，应当依法向县级以上人民政府有关部门申请登记。

第三十五条 专业化病虫害防治服务组织的田间作业人员应当能够正确识别服务区域的农作物病虫害，正确掌握农药适用范围、施用方法、安全间隔期等专业知识以及田间作业安全防护知识，正确使用施药机械以及农作物病虫害防治相关用品。专业化病虫害防治服务组织应当定期组织田间作业人员参加技术培训。

第三十六条 专业化病虫害防治服务组织应当与服务对象共同商定服务方案或者签订服务合同。

专业化病虫害防治服务组织应当遵守国家有关农药安全、合理使用制度，建立服务档案，如实记录服务的时间、地点、内容以及使用农药的名称、用量、生产企业、农药包装废弃物处置方式等信息。服务档案应当保存 2 年以上。

第三十七条 专业化病虫害防治服务组织应当按照国家有关规定为田间作业人员参加工伤保险缴纳工伤保险费。国家鼓励专业化病虫害防治服务组织为田间作业人员投保人身意外伤害保险。

专业化病虫害防治服务组织应当为田间作业人员配备必要的防护用品。

第三十八条 专业化病虫害防治服务组织开展农作物病虫害预防控制航空作业，应当按照国家有关规定向公众公告作业范围、时间、施药种类以及注意事项；需要办理飞行计划或者备案手续的，应当按照国家有关规定办理。

第六章 法律责任

第三十九条 地方各级人民政府和县级以上人民政府有关部门及其工作人员有下列行为之一的，对负有责任的领导人员和直接责任人员依法给予处分；构成犯罪的，依法追究刑事责任：

（一）未依照本条例规定履行职责；

（二）瞒报、谎报农作物病虫害监测信息，授意他人编造虚假信息或者阻挠他人如实报告；

（三）擅自向境外组织和个人提供未发布的农作物病虫害监测信息；

（四）其他滥用职权、玩忽职守、徇私舞弊行为。

第四十条 违反本条例规定，侵占、损毁、拆除、擅自移动农作物病虫害监测设施设备或者以其他方式妨害农作物病虫害监测设施设备正常运行的，由县级以上人民政府农业农村主管部门责令停止违法行为，限期恢复原状或者采取其他补救措施，可以处5万元以下罚款；造成损失的，依法承担赔偿责任；构成犯罪的，依法追究刑事责任。

第四十一条 违反本条例规定，有下列行为之一的，由县级以上人民政府农业农村主管部门处5 000元以上5万元以下罚款；情节严重的，处5万元以上10万元以下罚款；造成损失的，依法承担赔偿责任；构成犯罪的，依法追究刑事责任：

（一）擅自向社会发布农作物病虫害预报或者灾情信息；

（二）从事农作物病虫害研究、饲养、繁殖、运输、展览等活动未采取有效措施，造成农作物病虫害逃逸、扩散；

（三）开展农作物病虫害预防控制航空作业未按照国家有关规定进行公告。

第四十二条 专业化病虫害防治服务组织有下列行为之一的，由县级以上人民政府农业农村主管部门责令改正；拒不改正或者情节严重的，处 2 000 元以上 2 万元以下罚款；造成损失的，依法承担赔偿责任：

（一）不具备相应的设施设备、技术人员、田间作业人员以及规范的管理制度；

（二）其田间作业人员不能正确识别服务区域的农作物病虫害，或者不能正确掌握农药适用范围、施用方法、安全间隔期等专业知识以及田间作业安全防护知识，或者不能正确使用施药机械以及农作物病虫害防治相关用品；

（三）未按规定建立或者保存服务档案；

（四）未为田间作业人员配备必要的防护用品。

第四十三条 境外组织和个人违反本条例规定，在我国境内开展农作物病虫害监测活动的，由县级以上人民政府农业农村主管部门责令其停止监测活动，没收监测数据和工具，并处 10 万元以上 50 万元以下罚款；情节严重的，并处 50 万元以上 100 万元以下罚款；构成犯罪的，依法追究刑事责任。

第七章 附 则

第四十四条 储存粮食的病虫害防治依照有关法律、行政法规的规定执行。

第四十五条 本条例自 2020 年 5 月 1 日起施行。

附录二 禁限用农药名录

近些年，为保障农产品质量安全、人畜安全和生态环境安全，有效预防、控制和降低农药使用风险，我国对于农药方面的监管越来越严，截至 2022 年 3 月底，我国已禁限用 70 种农药。

（一）禁止（停止）使用的农药（50 种）

六六六、滴滴涕、毒杀芬、二溴氯丙烷、杀虫脒、二溴乙烷、除草醚、艾氏剂、狄氏剂、汞制剂、砷类、铅类、敌枯双、氟乙酰胺、甘氟、毒鼠强、氟乙酸钠、毒鼠硅、甲胺磷、对硫磷、甲基对硫磷、久效磷、磷胺、苯线磷、地虫硫磷、甲基硫环磷、磷化钙、磷化镁、磷化锌、硫线磷、蝇毒磷、治螟磷、特丁硫磷、氯磺隆、胺苯磺隆、甲磺隆、福美胂、福美甲胂、三氯杀螨醇、林丹、硫丹、溴甲烷、氟虫胺、杀扑磷、百草枯、2,4-滴丁酯、甲拌磷、甲基异柳磷、水胺硫磷、灭线磷。

（二）在部分范围禁止使用的农药（20 种）

①甲拌磷、甲基异柳磷、克百威、水胺硫磷、氧乐果、灭多威、涕灭威、灭线磷。禁止在蔬菜、瓜果、茶叶、菌类、中草药材上使用，禁止用于防治卫生害虫，禁止用于水生植物的病虫害防治。

②甲拌磷、甲基异柳磷、克百威。禁止在甘蔗作物上使用。

③内吸磷、硫环磷、氯唑磷。禁止在蔬菜、瓜果、茶叶、中草药材上使用。

④乙酰甲胺磷、丁硫克百威、乐果。禁止在蔬菜、瓜果、茶叶、菌类和中草药材上使用。

⑤毒死蜱、三唑磷。禁止在蔬菜上使用。

⑥丁酰肼（比久）。禁止在花生上使用。

⑦氰戊菊酯。禁止在茶叶上使用。

⑧氟虫腈。禁止在所有农作物上使用（玉米等部分旱田种子包衣除外）。

⑨氟苯虫酰胺。禁止在水稻上使用。

2,4-滴丁酯自 2023 年 1 月 23 日起禁止使用；溴甲烷可用于"检疫熏蒸梳理"；杀扑磷已无制剂登记；甲拌磷、甲基异柳磷、水胺硫磷、灭线磷，自 2024 年 9 月 1 日起禁止销售和使用。

栽培技术

高低畦栽培

高低畦栽培机械

玉米籽粒机收

小麦冬前镇压

镇压机械

植保生态种植仪

叶面喷施技术

土壤修复及病虫害处理设备

病害防治

番茄灰霉病（病叶）

番茄灰霉病（病果）

黄瓜霜霉病（病叶正面）

黄瓜霜霉病（病叶反面）

黄瓜细菌性角斑病

黄瓜细菌性角斑病（后期形成穿孔）

西瓜枯萎病（地上部）

西瓜枯萎病（根部）

西瓜炭疽病（叶片）

西瓜炭疽病（果实）

西葫芦病毒病（果实）

西葫芦病毒病（叶片）

小麦条锈病

小麦白粉病

农作物绿色高质高效生产技术

虫害防治

茶黄螨为害果实

小麦金针虫为害根部

小麦金针虫为害地上症状

麦叶蜂成虫

麦叶蜂幼虫

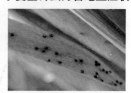

麦圆蜘蛛

麦蚜

黄螨为害叶片

卵块

草地贪夜蛾各形态特征